应急管理系列丛书

应急指挥与处置

方文林　主编

中国石化出版社

内 容 提 要

本书是《应急管理系列丛书》之一，重点介绍应急指挥、协调和处置的内容，还列举了各类危险化学品灭火方法、常见化学物灼伤的急救处理方法、有效解毒剂和6种典型场景应急处置指导原则及救援步骤。

本书适合于政府负有应急指挥和协调职能的各级领导、各级应急部门和安监部门具有应急管理职能的官员；政府和企业消防及应急救援队员，企事业单位安全、环保、应急人员培训学习；也可作为高等院校化工类专业和安全工程专业的教学参考用书。

图书在版编目(CIP)数据

应急指挥与处置 / 方文林主编. —北京:中国石化出版社，2017.8(2025.12重印)
(应急管理系列丛书)
ISBN 978-7-5114-4558-2

Ⅰ. ①应… Ⅱ. ①方… Ⅲ. ①突发事件-应急对策-中国②突发事伯-处理-中国 Ⅳ. ①D63

中国版本图书馆CIP数据核字(2017)第166617号

中国石化出版社出版发行

地址:北京市东城区安定门外大街58号
邮编:100011 电话:(010)57512500
发行部电话:(010)57512575
http://www.sinopec-press.com
E-mail:press@sinopec.com
北京科信印刷有限公司印刷
全国各地新华书店经销

*

850毫米×1168毫米 32开本 3.5印张 87千字
2018年2月第1版 2025年12月第5次印刷
定价:20.00元

《应急管理系列丛书》

编 委 会

前　言

近年来，一些特别重大突发事件频繁发生，例如“12·23”开县井喷事故、“11·22”黄岛原油管道泄漏爆炸事故、“8·12”滨海新区危化品仓库爆炸事故等，给人们的生命安全、生存环境和财产造成了巨大的损失，同时也造成了极大的社会影响。国家和地方政府高度重视，出台了一系列应急法律法规、国家标准、行业标准和地方标准，规范应急预案的编制管理、应急演练的组织评估、应急物资装备的配备维护、应急管理的推进提高等工作。

如何应对和处置突发事件，是人类社会面对的重要课题。为了防止和减少生产安全事故，保障人民群众生命和财产安全，针对政府和企事业单位日常应急管理和突发事件的处置，编者结合情景构建的最新要求，采用底线思维的方法，对事故风险进行评估，对政府和企业的应急资源进行调查，对政府、专业救援队伍和企业应急能力进行分析，对应急预案进行评估完善，对我国的生产经营单位应急预案编制、应急演练策划、应急物资整备、应急培训、应急指挥和处置技术进行了全面的归类梳理，编写了《应急管理系列丛书》，包括：《情景式应急演练策划与组织》《情景式应急预案编制与管理》《应急物资装备与应急人员培训》《应急指挥与处置》《应急处置案例分析》五个分册。

本册为《应急指挥与处置》。应急指挥是指挥员及其指挥机关对应急救援行动进行的特殊的组织领导活动，如何做好应急指挥工作，是直接关系到应急救援成败的关键因素。熟练掌握应急处置技术和自救互救常识，是现场应急救援有序开展，减少人员伤亡、环境损失、社会影响和财产损失的必备技能。基于以上编写了本分册。

由于水平有限和时间仓促，书中不妥之处请各位提出宝贵意见和建议，以便再版时修正。

目录 CONTENTS

1 应急指挥与协调

2 应急基本程序

3 应急处置技术

1 应急指挥与协调

应急指挥是指挥员及其指挥机关对应急救援行动进行的特殊的组织领导活动。

1.1 应急组织指挥

1.1.1 定义

应急组织指挥是指：指挥员及其指挥机关所从事的一项主观指导活动。指挥员定下决心、实施决心的活动。使潜在的战斗力转变为现实的战斗力。

1.1.2 要素

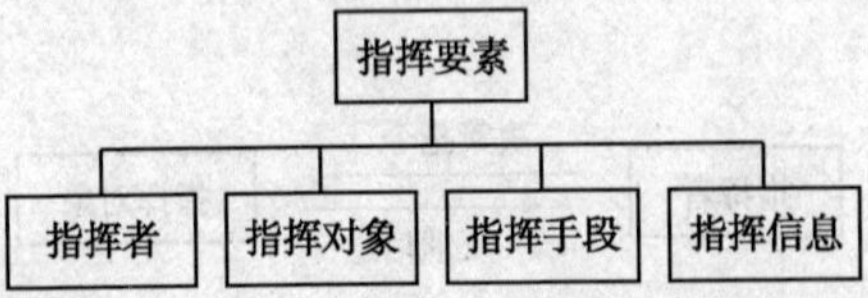

1.1.2.1 指挥者

指挥员和指挥机关统称指挥者。指挥者是指挥活动的主体要素，是战斗行动的筹划决策、组织计划和协调控制者。

没有指挥者就不能构成指挥活动，指挥者在指挥活动中居于主导和支配地位。

一名合格的指挥员必须具备的素质：

(1) 具有系统的指挥和战术理论；

(2) 具有丰富的应急救援实践经验；

（3）掌握相关的工程技术知识；

（4）掌握先进的科学决策手段，具有分析判断和科学决策能力。

1.1.2.2 指挥对象

指挥对象是应急救援指挥活动的客体，是指接受指挥员指挥的下级指挥员、指挥机关以及所属力量。

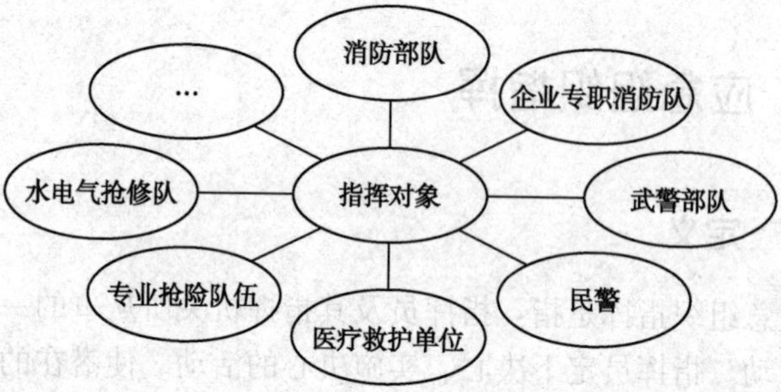

指挥对象中包括下级的指挥员和指挥机关，即下级指挥者，当它对自己的部属实施指挥时，它也是指挥者，它具有主动性。

指挥者与指挥对象之间并不是单向作用过程，而是一个不断交流的过程。

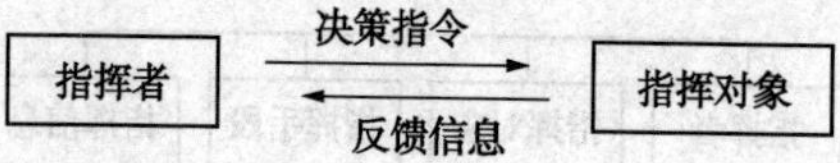

1.1.2.3 指挥信息

指挥信息是指保障应急救援指挥活动正常运作的各种信息。指挥信息作为应急救援指挥活动的基本要素，其质量直接制约着应急救援指挥能否顺利实施，从而对应急救援结局产生重要的影响。指挥信息包括三个方面的内容：

（1）供指挥者进行应急救援决策的各种情报信息。如：灾害对象情况、灾害燃烧情况、作战环境情况、交通道路情况、水源情况和消防队战斗力情况等。

(2)体现指挥者决心意图的各种应急救援指令。其准确的传达直接关系到指挥效率的高低。

(3) 反映应急救援行动状况的各种反馈信息。是指挥者协调控制所属队应急救援行动的依据。

1.1.2.4　指挥手段

指挥手段是指挥者在应急救援指挥活动过程中运用各种指挥技术器材进行应急救援指挥的方式和方法。作为指挥者与指挥对象联系的中间媒介，指挥手段的先进与否直接关系到应急救援的效果。指挥手段包括两个方面的含义：

(1) 指挥工具。包括锣、鼓、号、旗及有线通信、无线通信、GIS、GPS、以计算机为核心的指挥自动化系统等。

(2) 运用指挥工具的方法。指挥者运用指挥技术达到指挥目的的方法和措施。

1.1.2.5　应急救援指挥要素之间的关系

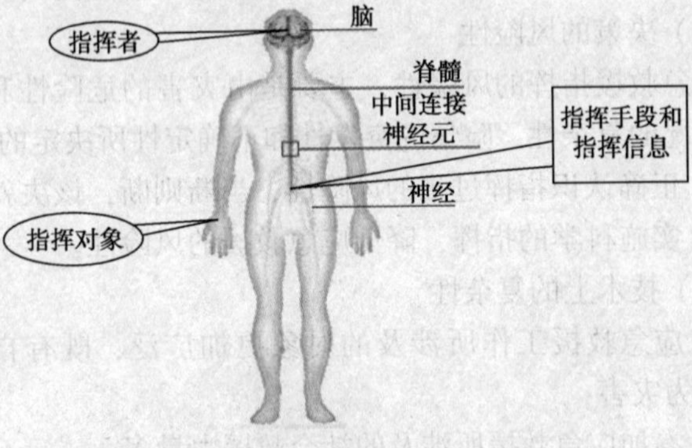

1.1.3　应急救援组织指挥的任务

应急救援组织指挥的任务包括：收集信息，确定对策；调配力量，协调行动；督促下属，检查落实。

1.1.4 应急救援组织指挥的特点

(1) 命令的强制性

应急救援组织指挥各种指令都具有强迫执行而不违的强制性。应急救援组织指挥的强制性，集中在指挥员与被指挥者之间主要是命令与服从的关系。

① 应急救援过程的危险性；

② 众多的参战力量；

③ 全局利益和局部利益相冲突。

(2) 指挥活动的时限性

时限性是应急救援指挥对时间的一种要求，即应急救援指挥活动占有时间要少，完成的指挥工作量要多，指挥效率要高。指挥者必须在一定的时限内完成指挥活动。否则就会贻误战机丧失主动。

① 应急救援战斗的时间性要求较高；

② 此时正确的决心，彼时可能就是错误或危险的。

(3) 决策的风险性

应急救援指挥的风险性，主要是由灾害的危险性和危害性、现场情况的复杂性、险情的突发性和不确定性所决定的。

① 正确认识指挥过程的风险性，当断则断，该决就决；

② 实施科学的指挥，降低应急救援的风险性。

(4) 技术上的复杂性

① 应急救援工作所涉及的对象更加广泛，既有自然灾害，也有人为灾害；

② 参加应急救援所涉及的社会救援力量多；

③ 指挥手段的先进性(GIS、GPS、ICS、辅助决策、自动化等)。

(5) 决策的随机性

灾害发展过程中险情的突发性和应急救援作战计划中某些预测的不准确性，决定了应急救援组织指挥具有随机性的特点。

1.1.5 集中指挥与分散指挥

① 集中指挥 指在应急救援战斗中由现场最高指挥员或指挥部，根据现场态势统一确定应急救援方案，下达行动命令，将全部应急救援行动统一起来，各受领任务的下级指挥员必须协调一致地去达成总的应急救援目的。

② 分散指挥 也称分权式指挥，是指根据现场总指挥员或指挥部的总体意图和原则性指示，现场各小组指挥员结合具体情况所进行的独立自主的组织指挥。

1.1.5.1 集中指挥

优点：便于统一组织应急救援行动，形成整体合力；现场指挥员统揽应急救援全局，抓住现场的主要方面。

缺点：不利于充分发挥下属指挥员的主动性和积极性；对现场通信保障的依赖性大。

集中指挥方式一般是在火情比较明确，到场的各种救援力量多，现场的通信联络畅通，或是在集中力量控制和消除现场主要方面的最大险情时应该采用。

1.1.5.2 分散指挥

优点：使下级指挥员充分发挥各自的主动性和创造性；降低对现场通信保障的要求。

缺点：对下级指挥员的组织指挥的素质和能力要求高；单独组织指挥的任务重；现场应急救援行动整体协调增加了难度。

分散指挥方式常用于现场上独立体系的专业救援队伍多、现场面积大划分有不同的战斗段、现场上特殊的排险任务的指挥、特殊环境中通信困难的情况下的指挥等。

1.1.5.3 两者的关系

集中指挥与分散指挥是对立统一的关系。集中指挥强调现场指挥权的相对集中，而分散指挥则要求现场指挥权相对的赋予下级指挥员。

两者是相互依赖和渗透的。集中指挥离不开分散指挥；分散指挥也离不开集中指挥。

1.1.6 逐级指挥与越级指挥

逐级指挥：指依照隶属关系逐级实施的指挥方式。

越级指挥：指在火情紧急的情况下或出现特殊险情时，现场指挥员超越一级或数级的指挥方式。

1.1.6.1 逐级指挥

优点：层次清楚、分工明确、有序性强，便于发挥各级指挥职权的作用。

缺点：所占时间较长。

1.1.6.2 越级指挥

优点：在现场构成快速的指挥关系，实施及时有效的指挥，减少指挥层次，节约时间，争取宝贵的时机。

缺点：越级指挥打乱了正常行使指挥职权的秩序，增加上级指挥员的工作负担。

越级指挥是现场出现紧急情况时不得已采取的组织指挥方式。

1.1.6.3 两者的关系

逐级指挥和越级指挥是一般与特殊的关系。在实践中，逐级和越级指挥方式有时是需要交替使用的。一般情况下，现场组织指挥是以逐级指挥为主，越级指挥为辅。

1.1.7　其他指挥方式

1.1.7.1　属地指挥

两个以上消防队到达现场参加应急救援时，而且上级指挥员未到现场前，以由着火目标对应的主管消防队指挥官或属地指挥官实施指挥，这种由主管消防队指挥的方式称为属地指挥。

1.1.7.2　授权指挥

在灾害现场上，应急救援正在遂行过程中，上级指挥官到达现场，判定指挥过程基本符合要求，可根据现场实际情况把指挥权交给处置这类灾害经验丰富指挥官代行指挥，或授权给属地消防指挥官指挥。

1.1.7.3　参与指挥

公安消防队在处置油田、化工、船舶等特殊灾害时，若消防队到场参战力量较少，公安消防队指挥官可参与现场指挥部的指挥工作，称之为参与指挥。

1.1.7.4　“指令性”指挥 与 “指导性”指挥

“指令性”指挥，实际上就是“命令式”指挥。上级指挥官下达命令，下级必须坚决服从的指挥。

“指导性”指挥，就是上级只赋予下级战斗任务并说明基本意图，下级可按此意图灵活执行指挥。

无论处置什么样的灾害，指挥员都需要对应急救援行动实施组织指挥。一场应急救援战斗的成败，不仅在于兵力和灭火技术装备是否优劣，更重要的在于现场指挥员的组织指挥能力和水平高低。

1.1.8　应急救援组织指挥的层次

按指挥层次分为：基层指挥、中层指挥和高层指挥。

1.1.8.1　基层应急救援指挥的要求

掌握各类初期灾害发展蔓延规律，及时有效地指挥处置初期灾害。对仓库、石油化工装置等起火后扩展猛烈的现场，要具有指挥抢占控制火势的有利阵地的能力。掌握寻找、抢救被困人员生命的有效方法和途径，并且进行正确地部署力量。

初战的三个环节包括：部署力量；报告情况；要增援。

初战指挥的地位、作用：根据不同等级灾害和投入的灭火力量，应由不同层次的指挥员来组织指挥应急救援行动；不同层次的指挥员，在指挥部队作战行动中的作用和对指挥能力的要求也各不相同；每一个环节的行动效果，取决于指挥员的决策水平。

凡是问题比较严重的灾害处置，往往是应急救援作战初期失利，中期失控，晚期失策。也就是说不同级别指挥员在应急救援指挥上都出了问题，没有达到预期的应急救援指挥效果，统称为“指挥失误”。

一般来说，高层指挥员在现场的指挥责任很大，能力要求很强，必须具有通观全局、把握主动、转危为安、反败为胜指挥能力；中层指挥员及时介入指挥，敢于冲锋陷阵，善于攻坚克难，必须具有抑制火势发展、控制现场局面的能力；而基层指挥员必须判明现场情况，抓住有利战机，准确投放兵力，能战速胜、难战控制，救人第一、科学施救。

在所有灾害中，高层指挥员到场指挥的灾害处置往往约占5%，中层指挥员指挥到场指挥处置的灾害次数约占整个灾害的10%，而基层指挥员单独指挥处置的灾害占到90%左右。

在高层和中层指挥员指挥处置的重特大灾害中，基层指挥员也担任着某一阵地或某一部位的作战指挥。

结论：

- 大部分的灾害处置都是通过初战指挥解决的；
- 大部分应急救援行动都是由基层指挥员指挥处置的；
- 基层指挥员参与了百分之百的灾害处置指挥；
- 初战指挥能力影响着90%左右灾害处置的全过程，影响着重特大灾害处置的前期阶段；
- 基层指挥员初战指挥水平，事关整个灾害处置的成效。

初战指挥要善抓有利战机，基层指挥员到达现场的时间比较早，对现场的情况一目了然，火情十分清楚；灾害的蔓延尚未形成规模，是处置初起灾害的最佳时机。

（1）善于准确获取现场信息

准确掌握现场信息，是为了根据火情有针对性地采取措施。当观察到火势刚开始扩大蔓延，就能确定堵截火势的有利位置；开始现场燃烧部位比较明确，就能及时确定灭火进攻的路线和方位，如从楼梯间向上攀登进攻，还是架设消防梯从阳台或窗户进攻；到达现场根据火情，基本能确定第一出动力量是否能够把火处置，或需要增援力量；因为烟火刚起不久，所以是疏散抢救人员的最好时间段，可以决定派出多少人员深入救人，通过什么途径、采用什么方法救人；因为燃烧时间不长，所以为冷却控制、抑制火势扩大提供了有利条件。

基层指挥员到达现场后，往往由于经验不足、观察不细而对火情的把握出现偏差，采取措施的针对性也必然会打折扣。值得注意的是，指挥员到达现场不要只看火势大小，切记燃烧的火焰只是一种现象，从灾害发展变化的规律来看，现场的潜在威胁往往在燃烧部位的四周。

指挥员到现场一眼望过燃烧的火势以后，应立即注意观察可能受波及或影响的部位，如受火焰烘烤的桶、罐、装置设备等有无异常迹象。

(2) 善于合理投放作战力量

如果遇到小火，可立即把火处置；如见火势稍有扩大，则可组织供水，出几支水枪先予控制，然后处置。

也有一些灾害，如遇有发现晚、报警迟的灾害；可燃液体和气体初期态势就十分迅猛的灾害；化工企业相互波及、快速发展的灾害等应立即要增援。

这时初战力量处于绝对弱势，到场力量也就不能轻易地分兵出击，到处去打火，到处想控制，而要集中全部作战力量，抢占堵截火势的关键阵地，寻找抢救人员生命的有效途径，控制减少灾害危害的重要部位，形成险恶环境中的局部优势。尽管这种展开仅仅是现场的一个方面、一个部位、一个阵地甚至是一个点，但这种作战指挥意识对整个战局将产生重大的影响。

(3) 要在第一时间部署救人行动

在第一时间弄清要救人员的数量及分布，快速作出第一时间救人的判断决策，果断部署第一时间救人的战术措施，及时选定第一时间救人的部位与途径，注意采用第一时间救人的方法与手段，正确选用第一时间救人的器材装备，安排联系第一时间救人的配合行动(如医疗)等。

(4) 逐一询问、登记被救人员

不管用什么工具、什么器材、什么方法疏散抢救出来的人员，都要逐一询问、登记，了解被救者精神状态，检查被救者身体状况，检查有无其他问题，对受轻伤者给予治疗处理，情况严重者送医院诊治，情绪失控者予以劝导安慰，并一一留下联系方式，以便备查。

用心指挥，掌握现场主动权。在应急救援行动中的安全责任系现场指挥员，在指挥灾害处置的同时，随时注意判断潜在的威胁，就能避免不必要的伤亡。初战指挥员带领部队到达现场，往往是打遭遇战，虽然能看到一些火情，有些潜在的东西不一定清楚，更有必要仔细观察、冷静判断、预防不测。

化工装置起火后，一般这一个装置就不会爆炸，但相邻的装置受烘烤会出问题；开口燃烧的油罐不会爆炸，但灌顶没有完全掀开、存有死角时会爆轰。

见空气中飘浮有颜色的雾气，就要立即进行个人防护，并马上实施检测；氯气泄漏现场，必须佩戴正压式防毒面具；遇有氨气泄漏，不能麻痹大意，要防爆、防毒，保护皮肤外露部分，尤其是眼睛不受侵害，还有要穿棉裤。像这样的问题，还有很多很多，初战指挥员要多学习了解，多掌握这些规律，以有效预防潜在威胁。

展开战斗行动，注意周边环境因素有以下几点：

① 要注意作战阵地的安全性；

② 要考虑气象因素对应急救援行动的影响；

③ 要针对灾害特点因素确定所需的要求；

④ 要考虑地形条件对灭火工作的影响。

在处置可燃液体(罐、池)灾害时，地形落差较大时，要充分考虑行动安全，要在高处部署阵地；处于低处作战的车辆，要调头停靠在便于撤退的道路上。环境因素的影响很多，初战指挥员要认真学习、借鉴经验教训，到现场一看就能反应过来，正确作出部署。

部署水枪阵地，务必考虑安全条件：氧气瓶、液化气瓶和油桶库内部，在长时间冷却，气瓶油桶温度已经降下来，没有膨胀爆裂的可能，才能深入设水枪阵地。也就是说，现场安全是指挥员指挥的第一要务。

1.1.8.2 中层应急救援指挥的要求

控制现场局面，减少灾害危害。中层指挥员需要正确运用更多的灭火战术与技术措施，例如，冷却控制、关阀断料、深入救人、突破排险、疏散物质、破拆内攻、登高堵截等。因此，中层应急救援指挥对指挥员的战术意识和指挥能力要求很高。

1.1.8.3　高层应急救援指挥的要求

具有较强的组织指挥能力和协调能力，具有较高的战术素养和现代科学知识，灭火和抢险救援经验丰富，冷静沉着，坚定果断，能够在复杂的局面下作出正确判断和科学决策。

1.2　指挥原则

1.2.1　集中统一，靠前指挥

(1) 实质内涵

现场指挥员组织指挥应急救援，必须实施集中统一的指挥，协调各应急救援力量，使之步调一致地贯彻执行现场的总体决策，有效地完成应急救援任务。

现场危害大、险情急，要使组织指挥及时有效，只有尽量简化指挥程序，深入第一线，实施靠前指挥。

(2) 贯彻这一原则的要求

统一指挥机构，明确指挥关系。实现集中统一指挥的前提条件。成立指挥部，灭火方案集体研究，行动命令一人发布，防止令出多门。

明确现场主要方面，统一应急救援行动方案。实现集中统一指挥的基础。

指定指挥人员，深入一线实施直接指挥，实施不间断指挥。

1.2.2 掌握情况，把握关键

(1) 实质内涵

现场指挥员组织指挥应急救援，必须利用各种途径、方法和手段，及时了解和掌握火情、现场应急救援条件和到场的各方面救援力量，进行实事求是的分析判断，把握现场的主要方面，把组织指挥的主观指导作用建立在客观实际的基础上。

(2) 贯彻这一原则的要求

及时建立和调整现场侦察小组；

透过现象看本质，把握实情；

反复侦察，保持现场情况获取的连续性。

1.2.3 果断决策，及时部署

(1) 实质内涵

指挥员组织指挥应急救援，必须根据获得的现场实际情况，分析判断的现场主要方面，运用正确的决策思维方法和辅助决策手段，及时果断地作出应急救援行动的决策，并组织实施。

(2) 贯彻这一原则的要求

现场指挥员有良好的基本素质、能力和丰富的经验；

掌握科学的决策方法，充分利用先进的辅助决策手段；

平时注意加强应急救援作战计划制定工作。

1.2.4 着眼全局，适时调整

(1) 实质内涵

指挥员组织指挥应急救援，必须把握现场的全局，围绕着对全局具有决定意义的现场主要方面，统筹使用现场应急救援力量，部署应急救援行动，组织现场的各种保障，注意及时发现各方面可能存在的问题或薄弱环节，适时进行调整，力争在最短的时间内，以最快的速度，最小的代价处置灾害，把灾害损失限制在最低的程度。

（2）贯彻这一原则的要求

注意力放在现场主要方面，着力解决潜在的主要险情；

把握现场主要方面要随时掌握其发展和变化；

加强应急救援全过程的整体协调。

1.2.5 持续不断，机智灵活

（1）实质内涵

指挥员要随着灾害的发展和应急救援工作的深入，连续不断地检查和指导火情的侦察、应急救援行动的准备与实施、现场通信和供水保障，根据火情的变化，机智灵活调整力量部署，使整个应急救援过程始终朝着有利于控制险情发展、充分发挥现有力量的灭火效能、最大限度地减少灾害带来的损失和人员伤亡的方向发展。

（2）贯彻这一原则的要求

要有精干的指挥班子，能保持现场组织指挥的稳定性和连续性；

现场通信联络畅通，上情下达和下情上报迅速；

各级指挥人员明确各自的任务和要求，在突发险情面前能机断行事。

1.3 协调原则

坚持救人第一、防止灾害扩大的原则。在保障施救人员安全的前提下，果断抢救受困人员的生命，迅速控制危险化学品事故现场，防止灾害扩大。

坚持统一领导、科学决策的原则。由现场指挥部和总指挥部根据预案要求和现场情况变化领导应急响应和应急救援，现场指挥部负责现场具体处置，重大决策由总指挥部决定。

坚持信息畅通、协同应对的原则。总指挥部、现场指挥部与救援队伍应保证实时互通信息，提高救援效率，在事故单位开展自救的同时，外部救援力量根据事故单位的需求和总指挥部的要求参与救援。

坚持保护环境，减少污染的原则。在处置中应加强对环境的保护，控制事故范围，减少对人员、大气、土壤、水体的污染。

在救援过程中，有关单位和人员应考虑妥善保护事故现场以及相关证据。任何人不得以救援为借口，故意破坏事故现场、毁灭相关证据。

1.4 协调与控制

现场应急指挥部负责统一指挥调度突发事件现场的应急抢险救援等工作，全面掌控现场情况。现场指挥要依据突发事件响应级别，按照“属地为主、系统指导，先到先行、有序衔接”的原则实施。

1.4.1 现场应急指挥责任主体及指挥权交接

事发单位是应对突发事件先期处置的责任主体，承担突发事件的应对责任，对管辖范围内的突发事件负有直接指挥权、处置权。在紧急情况下，生产现场带班人员、班组长和调度人员有直接处置权和指挥权，在遇到险情或事故征兆时立即下达停产撤人命令，组织现场人员及时、有序撤离到安全地点，减少人员伤亡。

突发事件发生后，事发单位要立即启动应急预案，先期成立现场指挥部，由事发现场最高职位者担任现场指挥部指挥员，在确保安全的前提下采取有效措施组织抢救遇险人员，控制危险源、封锁危险场所、划定警戒区，杜绝盲目施救，防止事件扩大。一旦事态超出本级应急能力，且事件无法得到有效控制时，应立即向上一级单位请求实施更高级别的应急救援。

事件升级，在政府和上级应急指挥机构主要领导或更高层次领导赶到现场后，事发单位应立即向政府和上级现场应急指挥部正式移交应急指挥权，并汇报事件情况、进展、风险以及影响控制事态的关键因素和瓶颈问题。调动本单位所有应急资源，服从政府和上级现场应急指挥部的指挥。并切实做好应急处置全过程的后勤保障和生活服务工作。

类似于中石油、中石化、中海油、中储粮等总公司一级的应急响应是以突发事件的危机管控、场外指挥协调为主，侧重在资源协调、公共关系、法律及媒体应对等。

1.4.2 现场指挥协调及控制内容

现场应急指挥部成立后，要设立现场应急处置工作组。根据现场应急处置工作需要，现场指挥部通常下设监测侦检组、危险源(现场)控制组、物资保障组、治安警戒组、医疗救护组、技术支持组、后勤保障组、综合协调组、新闻发布组、善后处理组等。

根据现场情况，应急指挥与现场控制主要内容如下：

(1) 针对造成事故危险源的控制：主要是监测侦检、处置过程、技术措施、工程抢险、防止次生灾害发生、事态扩大等。

(2) 针对受威胁的人员：主要是人员疏散、撤离、抢救伤员、转移安置群众等。

(3) 针对应急资源：主要是应急装备、防护装备、检测器材及救援队伍、应急人员等资源的调度与协调。

(4) 针对公众：主要是信息发布、现场警戒、交通管制等。

(5) 针对应急响应机构与人员：主要是应急响应机构与人员的组织、调配、管理、信息的上传下达等综合协调。

为保证现场应急协调有序地开展工作，要注意以下几点：

(1) 现场指挥部成立后，要确定相对固定的指挥场所，并及时将现场指挥部人员名单、通信方式等通知上一级应急指挥机构、现场应急处置工作组，以及相关救援力量。

(2) 根据现场指挥需要，按规定配备必要的指挥设备及通信手段等，具备迅速搭建现场指挥平台的能力。原则上，要配备移动电话、便携式电脑及打印机、高音喊话器、现场图像采集及传输设备等；有条件的单位还可以配备电声警报器、车载电台、卫星电话、探照灯等专用设备。

(3) 统一相关标志。现场指挥部要悬挂或喷写醒目的标志；现场总指挥和其他人员要佩戴相应袖标。

1.5 企地协调

按照“属地为主”原则，企业较大及以上事故现场应急处置指挥权属于地方各级人民政府。

当企业发生较大及以上事故时，现场应急指挥与协调程序如下：

(1) 当事件发生在企业厂(场)内：事件初期，事发单位应立即成立现场指挥部，由事发现场最高职位者担任现场指挥部指挥员，负责事故现场先期应急处置指挥工作；当地方政府到达事故现场并成立现场指挥部后，企业现场指挥员需立即向其汇报现场情况，并移交事故现场最高指挥权，由政府主要领导担任现场指挥部总指挥；企业现场指挥员辅助政府现场总指挥，指挥、协调企业所属队伍开展现场应急处置工作。

(2) 当事件发生在或波及企业厂(场)外：事故初期，事发单位应立即向地方政府报告，由政府成立现场指挥部，指定或派出现场指挥部总指挥；当事发单位到达事件现场，在向政府现场指挥报到后并入政府现场指挥部，接受其指挥；由现场最高职位者担任企业现场指挥部指挥员，按上级单位应急指挥中心和现场指挥部指令，指挥、协调企业所属队伍开展现场应急处置工作；

当上级单位领导到达事故现场后，事发单位现场指挥员需立即向其汇报现场情况，并移交指挥权。

（3）当到达现场的政府领导或上级单位领导授权后，现场指挥员继续行使指挥权力，承担现场应急处置指挥职责。

（4）当现场指挥丧失指挥能力或响应升级到上一级时，需重新组建现场指挥部，上级单位应急指挥中心指定或派出人员担任企业现场指挥部指挥，重新建立指挥体系。

2 应急基本程序

2.1 应急响应

(1) 事故单位应立即启动应急预案，组织成立现场指挥部，制定科学、合理的救援方案，并统一指挥实施。

(2) 事故单位在开展自救的同时，应按照有关规定向当地政府部门报告。

(3) 政府有关部门在接到事故报告后，应立即启动相关预案，赶赴事故现场(或应急指挥中心)，成立总指挥部，明确总指挥、副总指挥及有关成员单位或人员职责分工。

(4) 现场指挥部根据情况，划定本单位警戒隔离区域，抢救、撤离遇险人员，制定现场处置措施(工艺控制、工程抢险、防范次生衍生事故)，及时将现场情况及应急救援进展报总指挥部，向总指挥部提出外部救援力量、技术、物资支持、疏散公众等请求和建议。

(5) 总指挥部根据现场指挥部提供的情况对应急救援进行指导，划定事故单位周边警戒隔离区域，根据现场指挥部请求调集有关资源、下达应急疏散指令。

(6)外部救援力量根据事故单位的需求和总指挥部的协调安排，与事故单位合力开展救援。

(7) 现场指挥部和总指挥部应及时了解事故现场情况，主要了解下列内容：

遇险人员伤亡、失踪、被困情况。

危险化学品危险特性、数量、应急处置方法等信息。

周边建筑、居民、地形、电源、火源等情况。

事故可能导致的后果及对周围区域的可能影响范围和危害程度。

应急救援设备、物资、器材、队伍等应急力量情况。

有关装置、设备、设施损毁情况。

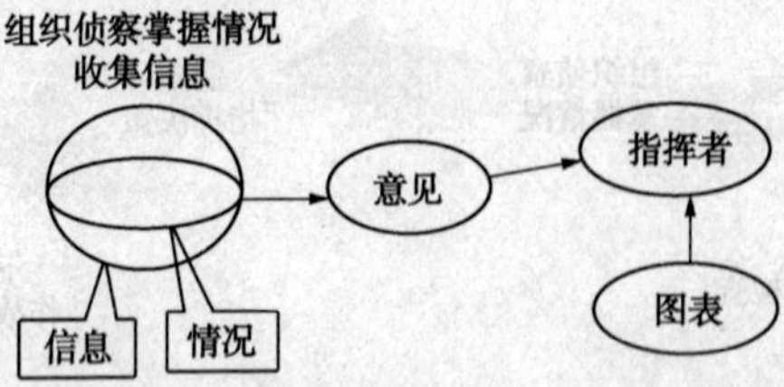

现场指挥部和总指挥应掌握的情况有以下几点。

① 掌握现场侦察情况：用主战岗位人员的侦察结果；对不明情况继续侦察。

② 掌握救人情况：谁有救人的资质？

③ 掌握疏散和保护物资情况。

④ 掌握人员安全防护情况：防护器材佩戴情况；一线人员数量。

⑤ 绘制图表：指挥图(平面图 、立面图、水源图)。

(8)现场指挥部和总指挥部根据情况变化，对救援行动及时作出相应调整。

2.2　组织指挥程序

组织指挥一般按照下列程序进行：

迅速调集作战力量；

启动指挥决策系统；

侦察现场情况；

制定作战方案；

部署作战任务；

指挥战斗行动；

掌握现场变化；

调整力量部署；

落实战勤保障。

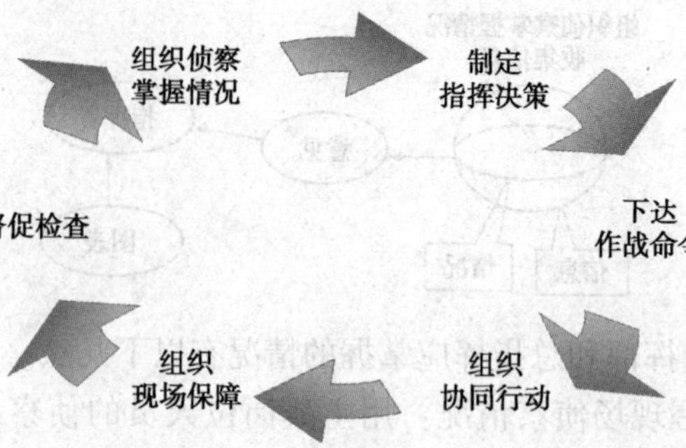

2.3 警戒隔离

（1）根据现场危险化学品自身及燃烧产物的毒害性、扩散趋势、火焰辐射热和爆炸、泄漏所涉及的范围等相关内容对危险区域进行评估，确定警戒隔离区。

（2）在警戒隔离区边界设警示标志，并设专人负责警戒。

（3）对通往事故现场的道路实行交通管制，严禁无关车辆进入。清理主要交通干道，保证道路畅通。

（4）合理设置出入口，除应急救援人员外，严禁无关人员进入。

（5）根据事故发展、应急处置和动态监测情况，适当调整警戒隔离区。

2.4 人员防护与救护

2.4.1 应急救援人员防护

（1）调集所需安全防护装备。现场应急救援人员应针对不同的危险特性，采取相应安全防护措施后，方可进入现场救援。

(2) 控制、记录进入现场救援人员的数量。

(3) 现场安全监测人员若遇直接危及应急人员生命安全的紧急情况，应立即报告救援队伍负责人和现场指挥部，救援队伍负责人、现场指挥部应当迅速作出撤离决定。

2.4.2　遇险人员救护

(1) 救援人员应携带救生器材迅速进入现场，将遇险受困人员转移到安全区。

(2) 将警戒隔离区内与事故应急处理无关人员撤离至安全区，撤离要选择正确方向和路线。

(3) 对救出人员进行现场急救和登记后，交专业医疗卫生机构处置。

2.4.3　公众安全防护

(1) 总指挥部根据现场指挥部疏散人员的请求，决定并发布疏散指令。

(2) 应选择安全的疏散路线，避免横穿危险区。

(3) 根据危险化学品的危害特性，指导疏散人员就地取材(如毛巾、湿布、口罩)，采取简易有效的措施保护自己。

2.5 现场处置

2.5.1 火灾爆炸事故处置

(1) 扑灭现场明火应坚持先控制后扑灭的原则。依危险化学品性质、火灾大小采用冷却、堵截、突破、夹攻、合击、分割、围歼、破拆、封堵、排烟等方法进行控制与灭火。

(2) 根据危险化学品特性，选用正确的灭火剂。禁止用水、泡沫等含水灭火剂扑救遇湿易燃物品、自燃物品火灾；禁用直流水冲击扑灭粉末状、易沸溅危险化学品火灾；禁用砂土盖压扑灭爆炸品火灾；宜使用低压水流或雾状水扑灭腐蚀品火灾，避免腐蚀品溅出；禁止对液态轻烃强行灭火。

(3) 有关生产部门监控装置工艺变化情况，做好应急状态下生产方案的调整和相关装置的生产平衡，优先保证应急救援所需的水、电、汽、交通运输车辆和工程机械。

(4) 根据现场情况和预案要求，及时决定有关设备、装置、单元或系统紧急停车，避免事故扩大。

2.5.2　泄漏事故处置

(1) 控制泄漏源

① 在生产过程中发生泄漏，事故单位应根据生产和事故情况，及时采取控制措施，防止事故扩大。采取停车、局部打循环、改走副线或降压堵漏等措施。

② 在其他储存、使用等过程中发生泄漏，应根据事故情况，采取转料、套装、堵漏等控制措施。

(2) 控制泄漏物

① 泄漏物控制应与泄漏源控制同时进行。

② 对气体泄漏物可采取喷雾状水、释放惰性气体、加入中和剂等措施，降低泄漏物的浓度或燃爆危害。喷水稀释时，应筑堤收容产生的废水，防止水体污染。

③ 对液体泄漏物可采取容器盛装、吸附、筑堤、挖坑、泵吸等措施进行收集、阻挡或转移。若液体具有挥发及可燃性，可用适当的泡沫覆盖泄漏液体。

2.5.3　中毒窒息事故处置

(1) 立即将染毒者转移至上风向或侧上风向空气无污染区

域，并进行紧急救治。

（2）经现场紧急救治，伤势严重者立即送医院观察治疗。

2.5.4 其他处置要求

（1）现场指挥人员发现危及人身生命安全的紧急情况，应迅速发出紧急撤离信号。

（2）若因火灾爆炸引发泄漏中毒事故，或因泄漏引发火灾爆炸事故，应统筹考虑，优先采取保障人员生命安全，防止灾害扩大的救援措施。

（3）维护现场救援秩序，防止救援过程中发生车辆碰撞、车辆伤害、物体打击、高处坠落等事故。

2.6 现场监测

（1）对可燃、有毒有害危险化学品的浓度、扩散等情况进行动态监测。

（2）测定风向、风力、气温等气象数据。

（3）确认装置、设施、建（构）筑物已经受到的破坏或潜在的威胁。

（4）监测现场及周边污染情况。

（5）现场指挥部和总指挥部根据现场动态监测信息，适时调整救援行动方案。

2.7　洗消

（1）在危险区与安全区交界处设立洗消站。

（2）使用相应的洗消药剂，对所有染毒人员及工具、装备进行洗消。

2.8　现场清理

（1）彻底清除事故现场各处残留的有毒有害气体。

（2）对泄漏液体、固体应统一收集处理。

（3）对污染地面进行彻底清洗，确保不留残液。

（4）对事故现场空气、水源、土壤污染情况进行动态监测，并将监测信息及时报告现场指挥部和总指挥部。

（5）洗消污水应集中净化处理，严禁直接外排。

（6）若空气、水源、土壤出现污染，应及时采取相应处置措施。

2.9 信息发布

（1）事故信息由总指挥部统一对外发布。

（2）信息发布应及时、准确、客观、全面。

2.10 救援结束

（1）事故现场处置完毕，遇险人员全部救出，可能导致次生、衍生灾害的隐患得到彻底消除或控制，由总指挥部发布救援行动结束指令。

（2）清点救援人员、车辆及器材。

（3）解除警戒，指挥部解散，救援人员返回驻地。

（4）事故单位对应急救援资料进行收集、整理、归档，对救援行动进行总结评估，并报上级有关部门。

3 应急处置技术

许多事故的发生，包括一些重大事故的发生，往往是由最初的应急处置失误引起的。

例如，当管线出现泄漏的时候，本应该迅速关闭阀门阻止泄漏，但是由于麻痹大意或者心慌意乱，反而开大了阀门，结果导致人员中毒或者爆炸事故。

又如，当发现锅炉缺水的时候，本应该按照操作规程停机，然后等待锅炉逐渐冷却后再加水，但是由于应急处置失误，匆忙之中加进冷水，结果造成锅炉爆炸。类似的事故案例很多，教训极为深刻。

因此，对于危险化学品从业单位一线从业人员，遇到突发事故，要做到“四要四不要”：要镇定、不要慌张；要保命，不要乱跑；要自我保护后参与应急，不要盲目救人；要掌握应急处置技术，不要不懂装懂。

3.1 应急处置步骤

应急处置是指在危险化学品造成或可能造成人员伤害、财产损失和环境污染及其他较大社会危害时，为及时控制事故源，抢救受害人员，指导群众防护和组织撤离，清除危害后果而采取的措施或组织的救援活动。

应急处置共分为八步。

(1) 事故报警

事故报警的及时与准确是能否及时控制事故的关键环节。无论是谁只要发现危险的异常现象，第一反应人就要开始启动应急，即启动报警程序和相应的反应机制。

(2) 出动班组应急救援人员

各班组长在接到事故报警后，应迅速组织班组人员，赶赴现场。

(3) 划定安全区和事故现场控制

结合事故模拟结果和专家建议，并考虑危险化学品对人体的不同伤害程度，同时结合事故发生的不同时期，可以将现场分为初始安全区、事故现场控制等区域。

① 初始安全区　危险化学品泄漏后，若接触泄漏物或吸入其蒸汽可能会危及生命，则有必要确定初始安全区，以供现场应急人员在专业人员到达事故现场前作应急参考。

② 事故现场控制　根据确定的初始安全距离，可以疏散现场的人员，禁止人员进入隔离区。然而，应急处置人员到达现场后，应进一步细化安全区域，确定应急处置人员、洗消人员和指挥人员分别所处的区域。在这些区域明确应急处置人员的工作，这样有利于应急行动和有效控制设备进出，并且能够统计进出事故现场的人员。一旦确定警戒范围，必须在警戒区设置警戒标志，消除警戒区内火种。

设置警戒标志可使用反光警戒标志牌、警戒绳，夜间可以拉防爆灯光警戒绳。在警戒区周围布置一定数量的警戒人员，防止无关人员和车辆进入警戒区。主要路口必须布置警戒人员，必要时实行交通管制。

对于易燃气体、液体泄漏事故，如果火灾尚未发生，则必须消除警戒区内的火源。常见火源有明火、非防爆电器、高温设备、进入警戒区作业人员的手机、化纤类服装、钉子鞋、火花工具及汽车、摩托车等机动车辆的尾气。

(4) 紧急疏散

建立警戒区域，迅速将事故应急处理无关的人员撤离，将相邻的危险化学品疏散。

(5) 事故现场控制

为了减少危险化学品事故对生命和环境的危害，在事故发生的初期必须采取一些简单有效的控制措施和遏制行动，通过对危险化学品的有效回收和处置将其对环境或生命的危害降至最低，防止事故扩大，保证能够有效地完成恢复和处理行动。

(6) 现场急救

现场急救注意选择有利地形设置急救点；做好个体防护；防止发生继发性损害；应至少2~3人为一组行动；所用的救援器材具备防爆功能。

在事故现场，化学品对人体可能造成伤害：中毒、窒息、冻伤、化学灼伤、烧伤等。对受伤害人员及时施救，可以最大限度地减少人员伤亡。

(7) 现场人员个体防护

在危险化学品事故应急抢险过程中应根据危险化学品事故的特点及其引发物质的不同，以及应急人员的职责，采取不同的个体防护装备：应急救援指挥人员、医务人员和其他不进入污染区域的应急人员一般配备过滤式防毒面罩、防护服、防毒手套、防毒靴等；工程抢险、消防和侦检等进入污染区域的应急人员应配备密闭型防毒面罩、防酸碱型防护服和空气呼吸器等；同时做好现场毒物的洗消工作（包括人员、设备、设施和场所等）。

(8)现场清理和洗消

事故现场清理是为了防止进一步危害的过程。在现场危险分析的基础上，应对现场可能产生的进一步的危害和破坏采取及时的行动，使二次事故的可能性尽可能小。这类工作包括防止有毒有害气体的生成或蔓延、释放，防止易燃易爆物质或气体的生成与燃烧爆炸，防止由火灾引起的爆炸等。

3.2 泄漏应急处置

发生泄漏事故，要迅速采取有效措施消除或减少泄漏的危害。应急处置的首要行动：迅速撤离泄漏污染区人员至安全区，并进行隔离，严格限制出入。切断火源。尽可能切断泄漏源。

处理泄漏应从以下几个方面考虑：

① 临时设置现场警戒范围。易燃、可燃液体大量泄漏时，要组织人员进行现场警戒，无关人员不得出入，制止一切点火源。如果火灾爆炸危险性较大，立即向消防队报警并要求派消防车监护，消防车辆的阻火器必须完好。

② 禁止与各种明火接触，防止着火。

③ 堵漏。一旦发现泄漏，要立即查明泄漏点，根据泄漏的物料、部位、形式及程度，采取具体措施制止泄漏，减少泄漏量。应急处理人员戴自给正压式呼吸器，穿防静电工作服。经常采用的方法有：关闭断气法；注水升液法；手钳夹管法；卡箍夹管法；用物堵塞法；冻结制漏法；法兰加垫法；罐口加盖法；泄气减压法。如果在堵漏时需要动火，按特殊动火对待。

④ 转移回收。在保证安全的前提下，运用适当器具对泄漏

物进行回收。小量泄漏：用矿土、蛭石或其他惰性材料吸收，或在保证安全情况下，就地焚烧。大量泄漏：构筑围堤或挖坑收容。用泡沫覆盖，降低蒸气灾害。回收跑漏物料时，要注意：提前准备好用于回收的器材（如槽车、桶、泵等）；用泵进行回收时，电气部分必须用防爆型或用气动等不产生火花的泵或专用收集器内，回收或运至废物处理场所处置，槽车要加装车用阻火器；回收时，注意蒸气扩散，加强气体检测。

⑤ 紧急停车。如果泄漏危及整个装置，视具体情况还可以采取紧急停车措施，如停止反应，把物料退出装置区，送至罐区或火炬。

⑥ 疏散有关人员，隔离泄漏区。疏散人员的多少和隔离泄漏区的大小，要根据泄漏量和泄漏物具体特性而定。启动音响报警器报警，向气防部门、厂调度部门（生产科）汇报，通知邻近车间或工厂的岗位人员以及附近的居民撤离至安全地点。可燃气体泄漏在人员疏散时，要考虑泄漏物扩散的区域浓度（爆炸极限范围），又要考虑爆炸产生的冲击力对建筑物可能带来的危害。未受污染的房间要立即关闭门窗。

3.3　火灾爆炸应急处置

3.3.1　总要求

按照国家和行业标准、规范制定的火灾爆炸抢险方案，在实施过程中，坚持“以人为本”的指导思想，应符合以下要求：

迅速隔离事发现场，抢救伤亡人员，撤离无关人员及群众；

迅速收集现场信息，核实现场情况，组织制定现场处置方案并负责实施；

协调现场内外部应急资源，统一指挥抢险工作；

根据现场变化及时修订方案；

协同上级、地方政府实施人员人员疏散和医疗救助；

及时向上级应急指挥中心领导汇报、请示并落实指令；

根据现场方案需要，请求应急指挥中心协调组织其他应急资源；

现场应急指挥根据应急指挥中心领导指示，负责现场的对外新闻发布。

总的要求是：

① 先控制，后消灭。

② 扑救人员应占领上风或侧风阵地。

③ 进行火情侦察、火灾扑救、火场疏散人员应有针对性地采取自我防护措施。

④ 应迅速查明燃烧范围、燃烧物品及其周围物品的品名和主要危险特性、火势蔓延的主要途径。

⑤ 正确选择最适应的灭火剂和灭火方法。

⑥ 对有可能发生爆炸、爆裂、喷溅等特别危险需紧急撤退的情况，应按照统一的撤退信号和撤退方法及时撤退。

⑦ 火灾扑灭后，起火单位应当保护现场，接受和协助事故调查。

3.3.2 火灾类型及扑救方法

3.3.2.1 易燃和可燃液体火灾扑救

液体火灾特别是易燃液体火灾发展迅速而猛烈，有时甚至会发生爆炸。这类物品发生的火灾主要根据它们的比重大小，能否溶于水等性质来确定灭火方法。

一般来说，对比水轻(比重小于1)又不溶于水的易燃和可燃液体，如苯、甲苯、汽油、煤油、轻柴油等的火灾，可用泡沫或干粉扑救。初始起火时，燃烧面积不大或燃烧物不多时，也可用二氧化碳灭火剂扑救。但不能用水扑救，因为当用水扑救时，易燃可燃液体比水轻，会浮在水面上随水流淌而扩大火灾。如梅山冶金公司焦化厂，由于工人操作不当，致使2t多苯从下水道流入长江，在江面上扩散面积很大。适逢挂有5条木船的“海电1号”轮船停靠在江边避风，一船员将未燃尽的火柴丢入江中，遇苯起火，烧坏船只。

比水重(比重大于1)而不溶于水的液体，如二硫化碳、萘、蒽等着火时，可用水扑救，但覆盖在液体表面的水层必须有一定厚度，方能压住火焰。但是，被压在水下面的液体温度都比较高，现场消防人员应注意不要烫伤。如某厂萘着火用水扑救，大量高温萘(最低温度80℃以上)被压在水下面，多人在灭火过程中被水下面的高温萘烫伤。

能溶于水的液体，如甲醇、乙醇等醇类，醋酸乙酯、醋酸丁酯等酯类，丙酮、丁酮等酮类发生火灾时，应用雾状水或抗溶性泡沫、干粉等来灭火剂扑救。在火灾初期或燃烧物不多时，也可用二氧化碳扑救。如使用化学泡沫灭火时，泡沫强度必须比扑救不溶于水的易燃液体大3~5倍。

敞口容器内易燃可燃液体着火，不能用砂土扑救。因为砂土非但不能覆盖液体表面，反而会沉积于容器底部，造成液位上升以致溢出，使火灾蔓延。

3.3.2.2 易燃固体火灾扑救

易燃固体燃点较低，受热、冲击、摩擦或与氧化剂接触能引起急剧及连续的燃烧或爆炸。

易燃固体发生火灾时，一般都能用水、砂土、石棉毯、泡沫、二氧化碳、干粉等灭火剂材扑救，但铝粉、镁粉等着火不能用水和泡沫灭火剂扑救。另外，粉状固体着火时，不能用灭火剂直接强烈冲击以避免粉尘被冲散，在空气中形成爆炸性混合物引发爆炸。

磷的化合物、硝基化合物和硫磺等易燃固体着火燃烧时产生有毒和刺激气体，扑救时人要站在上风向，以防中毒。

3.3.2.3 遇水燃烧物品火灾扑救

此类物品共同特点是遇水后，能发生剧烈的化学反应产生可燃性气体，同时放出热量，以致引起燃烧爆炸。遇水燃烧物品火灾应用干砂土、干粉等扑救，灭火时严禁用水、酸、碱灭火剂和泡沫灭火剂扑救。

遇水燃烧物中，如锂、钠、钾、铷、铯、锶等，由于化学性质十分活泼，能夺取二氧化碳中的氧而引起化学反应，使燃烧更猛烈，所以也不能用二氧化碳扑救。

3.3.2.4 自燃物品火灾的扑救

此类物品虽未与明火接触，但在一定温度的空气中能发生氧化作用放出热量，由于积热不散，达到其燃点而引起燃烧。

自燃物品可分为三种：一种在常温空气中剧烈氧化，以致引起自燃，如黄磷；另一种受热达到燃点时，放出热量，不需外部补给氧气，本身分解出氧气继续燃烧，如硝化纤维胶片、铝铁溶剂等；还有一种在空气中缓慢氧化，如果通风不良，积热不散达到物品自燃点即能自燃，如油纸等含油脂的物品。

自燃物品起火时，除三乙基铝和铝铁溶剂等不能用水扑救外，一般可用大量的水进行灭火，也可用砂土、二氧化碳和干粉灭火剂灭火。由于三乙基铝遇水产生乙烷，铝铁溶剂燃烧时温度极高，能使水分解产生氢气。所以不能用水灭火。如某化工厂物料储罐在长期使用时，由于物料中含有较多硫化物（硫化氢和有机硫），硫化物与设备的接触腐蚀作用，形成硫化铁。生产中将储罐内物料用净后，干燥的硫化铁在常温空气中自行发热燃烧，发生火灾，用干粉将火扑灭。

3.3.2.5 氧化剂火灾扑救

这类物品具有强烈的氧化能力，本身虽不燃烧，但与可燃物接触即能将其氧化，而自身还原引起燃烧爆炸。

由氧化剂引起的火灾，一般可用砂土进行扑救，大部分氧化剂引起的火灾都能用水扑救，最好用雾状水。如果用加压水则先用砂土压盖在燃烧物上，再行扑灭。要防止水流到其他易燃易爆物品处。过氧化物和不溶于水的液体有机氧化剂，应用砂土或二氧化碳、干粉灭火剂扑救。这是因为过氧化物遇水反应能放出氧，加速燃烧；不溶于水的液体有机氧化剂一般比重小于1(比水轻)，如用水扑救时，会浮在水上面流淌扩大火灾。

3.3.2.6 毒害物品和腐蚀物品火灾扑救

一般毒害物品着火时，可用水及其他灭火剂扑救，但毒害物品中的氰化物、硒化物、磷化物着火时，就不能用酸碱灭火剂扑救，只能用雾状水或二氧化碳等灭火。

腐蚀性物品着火时，可用雾状水、干砂、泡沫、干粉等扑救。硫酸、硝酸等酸类腐蚀品不能用加压密集水流扑救，因为密集水流会使酸液发热甚至沸腾，四处飞溅而伤害扑救人员。扑救毒害物品和腐蚀性物品火灾时，还应注意节约水量和水的流向，同时注意尽可能使灭火后的污染流入污水管道。因为有毒或有腐蚀性的灭火污水四处溢流会污染环境，甚至污染水源。

有害物品和腐蚀性物品火灾扑救还应搞好个人防护措施，使用防毒面盔、面罩等。易燃气体火灾扑救易燃气体有氢、煤气、乙炔、乙烯、甲烷、氨、石油气等。这些气体具有经撞击、受热或遇火花发生燃烧爆炸的危险。

3.3.2.7 液化气体和可燃气体火灾扑救

为了便于储存和使用，通常情况下将很多易燃气体用加压法压缩储于容器内。由于各种气体的性质不同，有的压缩成液态，称为液化气，如液化石油气、液氨等，有的仍为气态，称为压缩气体，如氢气瓶内的氢气等。气体着火是很难灭掉的，根据国内外的实践，大部分气体着火用水是能起到降温和灭火作用的。

干粉和二氧化碳也能扑灭大部分气体火灾，但对大面积气体火灾，往往无能为力。

因此，隔绝易燃气体来源和用大量的水进行冷却降温是灭火的主要手段。

在扑救可燃气体火灾时可燃气体如果从容器管道中源源不断地喷散出来，应首先切断可燃物的来源，然后争取一次灭火成功。如果在未切断可燃气体来源的情况下，急于求成，盲目灭火，则是一种十分危险的做法。因为火焰一旦被扑灭，而可燃气体继续向外喷散，特别是比空气重的可燃气体如液化石油气等外溢，易沉积在低洼处，不易很快消散，遇明火或炽热物体等火源还会引起复燃。如果气体浓度达到爆炸极限，还会引起爆炸，很容易导致事故扩大。

3.3.2.8 爆炸物品火灾扑救

爆炸物品在常温下就有缓慢分解的趋向，受到高温、摩擦、冲击或与某些物质接触后即发生剧烈的化学反应而爆炸。爆炸物品有导火索、雷管、三硝基甲苯、三硝基苯酚、枪弹、爆竹等。爆炸物品所引起的爆炸主要有以下四个特点：①化学反应速度快，一般以 1/10000s 的时间完成化学反应；②爆炸时会产生大量热能，这是爆炸物品能量的主要来源；③产生大量气体，造成高压；④不需外界供氧，爆炸物品由于分子中含有特殊的不稳定基团，在爆炸时会引起分解或自身的氧化还原反应。

爆炸物品发生爆炸是很难扑救的，万一发生爆炸起火，应控制火势，妥善处理爆炸物品，以免发生再次爆炸。可用水或各种灭火剂扑救，但不能用砂土等物压盖爆炸物品，以免扩大爆炸。

各类危险化学品灭火方法见附录 1。

3.4 灼伤应急处置

3.4.1 化学性皮肤烧伤

化学性皮肤烧伤的现场处理方法是，立即移离现场，迅速脱去被化学物沾污的衣裤、鞋袜等。

(1) 无论酸、碱或其他化学物烧伤，立即用大量流动自来水或清水冲洗创面 15~30min。

(2) 新鲜创面上不要任意涂上油膏或红药水，不用脏布包裹。

(3) 黄磷烧伤时应用大量水冲洗、浸泡或用多层湿布覆盖创面。

(4) 烧伤病人应及时送医院。

(5) 烧伤的同时，往往合并骨折、出血等外伤，在现场也应及时处理。

常见化学物灼伤的急救处理见附录 2。

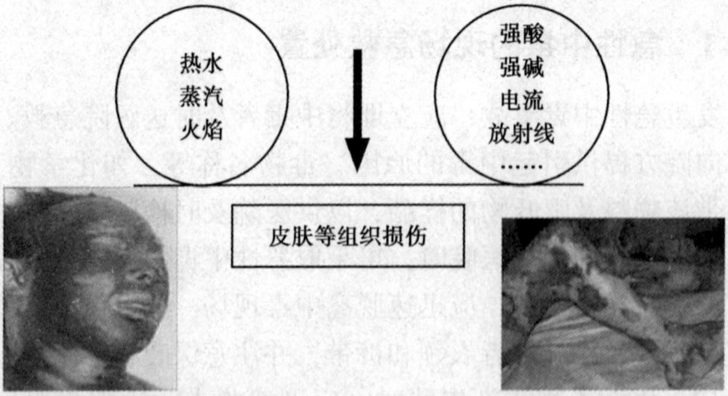

3.4.2　化学性眼烧伤

(1) 迅速在现场用流动清水冲洗，千万不要未经冲洗处理而急于送医院。

(2) 冲洗时眼皮一定要掰开。

(3) 如无冲洗设备，也可把头部埋入清洁盆水中，把眼皮掰开。眼球来回转动洗涤。

(4) 电石，生石灰(氧化钙)颗粒溅入眼内，应先用蘸石蜡油或植物油的棉签去除颗粒后，再用水冲洗。

致眼灼伤的化学物见附录3。

3.5　中毒、窒息应急处置

化学品中毒事故的现场救援必须遵循一定的原则：

- 抢救最危急的生命体征；
- 处理眼和皮肤污染；
- 查明化学物质的毒性；
- 进行特殊和/或对症处理。

人身中毒的途径：在危险化学品的储存、运输、装卸、搬倒商品等操作过程中，毒物主要经呼吸道和皮肤进入人体，经消化道者较少。

3.5.1 急性中毒的现场急救处置

发生急性中毒事故，应立即将中毒者及时送医院急救。护送者要向院方提供引起中毒的原因、毒物名称等，如化学物不明，则需带该物料及呕吐物的样品，以供医院及时检测。

如不能立即到达医院时，可采取急性中毒的现场急救处理：

(1) 吸入中毒者，应迅速脱离中毒现场，向上风向转移，至空气新鲜处。松开患者衣领和裤带，并注意保暖。

(2) 化学毒物沾染皮肤时，应迅速脱去污染的衣服、鞋袜等，用大量流动清水冲洗 15~30min。头面部受污染时，首先注意眼睛的冲洗。

(3) 口服中毒者，如为非腐蚀性物质，应立即用催吐方法，使毒物吐出。

对中毒引起呼吸、心跳停者，应进行心肺复苏术，主要的方法有口对口人工呼吸和心脏胸外挤压术。

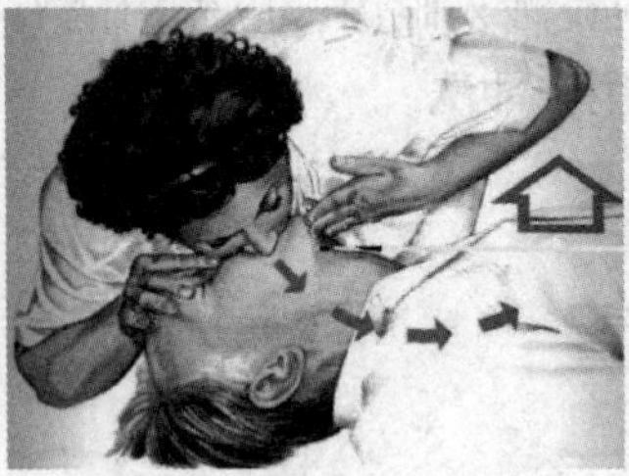

- 仰头举颏打开气道；
- 捏紧鼻孔；
- 张大口包紧其口唇；
- 深吸气后立即吹气

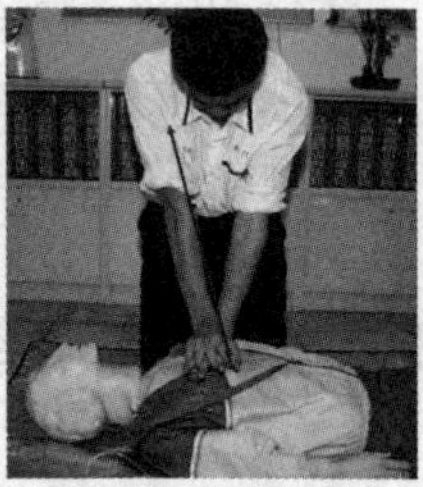

3.5.2 刺激性气体中毒

刺激性气体主要是指那些由于本身的理化特性而对呼吸道及肺泡上皮具有直接刺激作用的气态化合物。刺激性气体过量吸入可引起以呼吸道刺激、炎症乃至以肺水肿为主要表现的疾病状态，称为刺激性气体中毒。

有效解毒剂见附录 4。

3.6 触电应急处置

当发现有人触电时，在保证自己安全的前提下，应根据不同情况采取不同的方法，迅速而果断地使其脱离电源。脱离电源的一般方法：

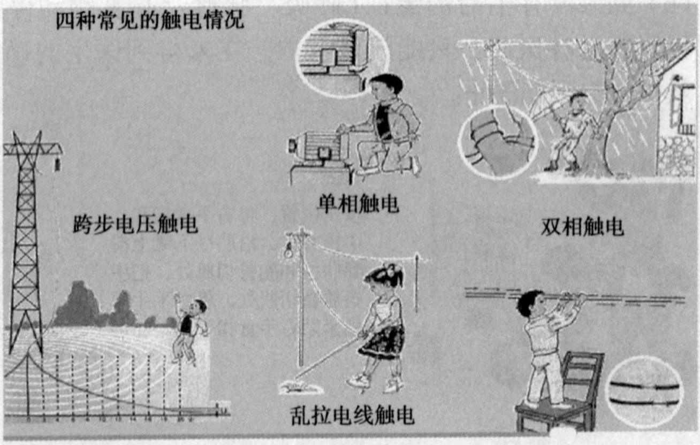

(1) 如果触电人所在的地方较高，须预先采取保证触电人安全的措施，否则停电后会摔下来给触电者更大的危险。

(2) 停电时如影响事故地点的照明，必须迅速准备手电筒或合上备用事故照明灯，以便继续进行救护工作。

(3) 如不能迅速地将电源断开，就必须设法使触电者与带电部分分开(在低压设备上，如果触电者的衣服是干燥的而且不紧裹在身上，则可以拉他的衣服，但不能触及裸露的皮肤及附近的金属物件；如果电源线较小，可用电工钳将电源线剪断；如果触电者握住了粗导线或母线，必须用绝缘板将触电者垫起来，使其脱离地面)。

(4) 如果触电者还没有失去知觉，只在触电过程中曾一度昏迷或因触电时间较长，则必须保证触电者的安静，并保持环境通风良好。然后通知医院救护车接往医院诊治。

（5）如果触电者已失去知觉，但呼吸尚存在，则应当使他舒服，安静的平卧，解开衣服，周围不让人围着，保持空气流通，向触电者身上洒冷水摩擦全身，并通知医院派救护车前来救护。如果触电人呼吸困难，呼吸稀少，不时出现痉挛现象，则必须施行人工呼吸。

（6）如果没有生命的象征（呼吸、脉搏及心脏跳动停止），这时也不能送往医院，只能就地救护。在未得到医生的确诊之前，救护始终不能停止。

按压位置：将右手食指和中指并拢，沿肋弓下缘上滑到肋弓和胸骨切肌处，把中指放在切肌处，将左手手掌根紧贴右手食指

按压姿势：两臂垂直，肘关节不屈，两手相叠，手指向前翘起并不触及胸壁，应用上身重力垂直下压

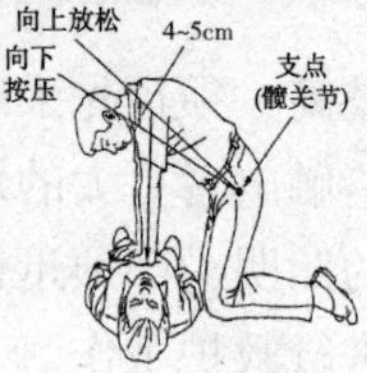

按压频率：100次/min

按压深度：4~5cm

按压次数：每吹两口气按压30次，进行5个循环共150次

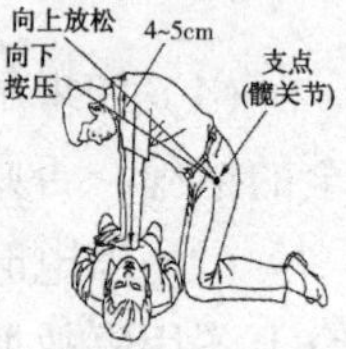

3.7 高处坠落应急处置

高空坠落、撞击、挤压可能使胸部内脏破裂出血，伤者表面无出血，但表面出现面色苍白、腹痛、意识不清、四肢发冷等征兆。应首先观察或询问是否出现上述特征，确认或怀疑存在上述特征时，严禁移动伤者，应平躺并立即拨打120急救电话。

如有骨折，应就地取材，使用夹板或竹棍固定，避免骨折部位移位，开放性骨折并伴有大出血者，应先止血在固定，用担架或自制简易担架运送伤者至医院治疗。

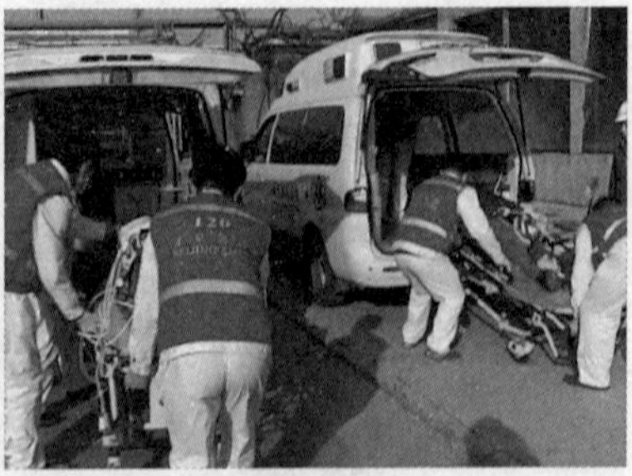

3.8 物体打击应急处置

首先查看被打击部位伤害情况。根据伤情确定救护方案，需要包扎的进行现场简易包扎，若有骨折，应就地取材，使用夹板或竹棍固定，避免骨折部位移位。开放性骨折并伴有大出血者，应先止血再固定，用担架或自制简易担架运送伤者至医院治疗。

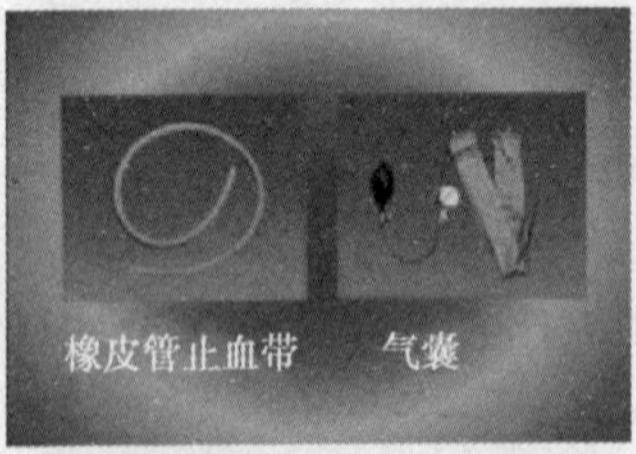

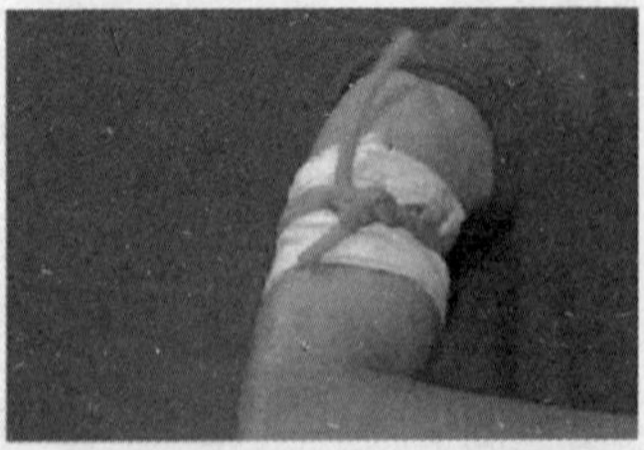

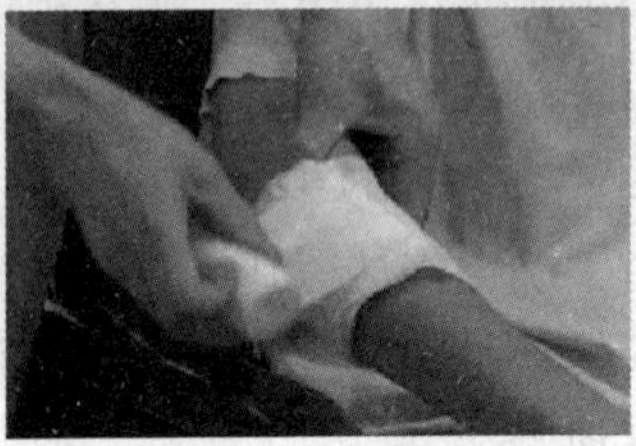

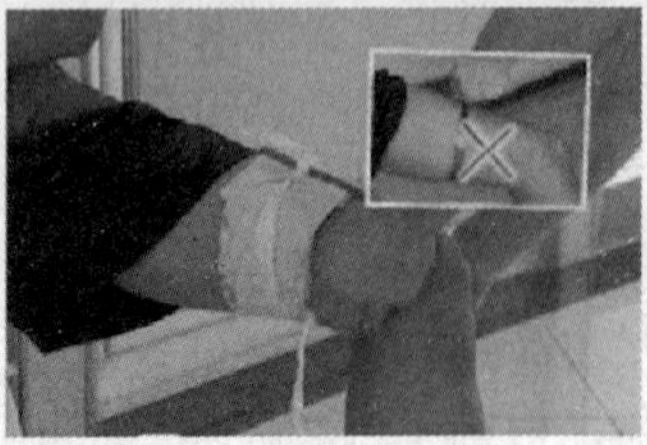

3.9 机械伤害应急处置

立即关闭施工机械。如造成短肢或骨折，应立即进行现场固定包扎，找回被切断肢体，以便送医院后救治工作。

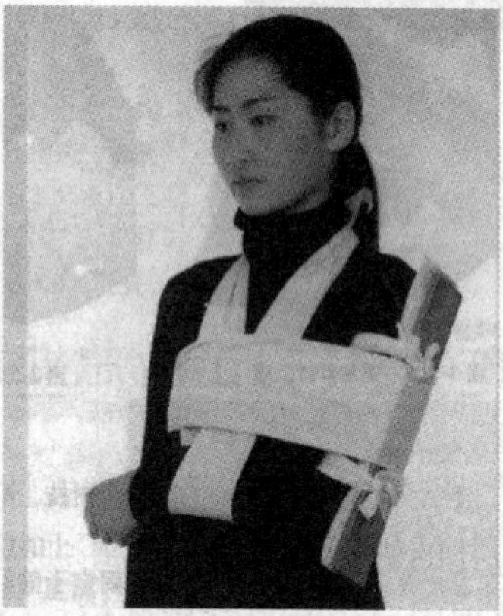

需要抢救的伤员，应立即就地坚持心肺复苏抢救，并联系就近医院医治。

3.10 车辆伤害应急处置

根据伤情确定救护方案，需要包扎的进行现场简易包扎，若有出血，先简易包扎止血。

若有骨折，应就地取材，使用夹板或竹棍固定，避免骨折部位移位。开放性骨折并伴有大出血者，应先止血再固定。

上述紧急处理后的伤员抢救，立即与急救中心和医院联系，请求出动急救车辆并做好急救准备，确保伤员得到及时医治。

事故现场取证救助行动中，安排人员同时做好事故调查取证工作，以利于事故处理，防止证据遗失。

锁骨骨折的固定 肱骨骨折的固定

股骨骨折的固定

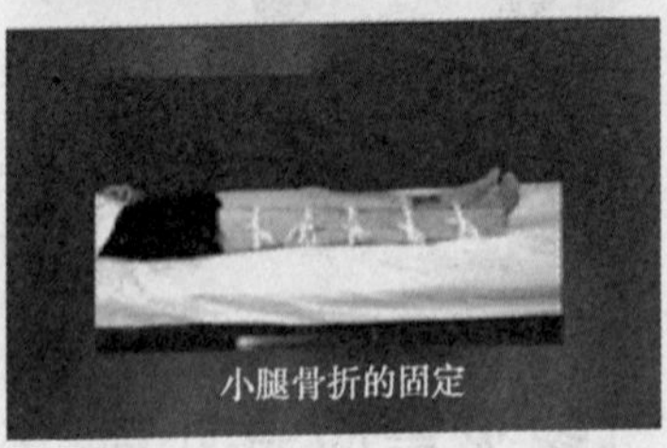

小腿骨折的固定

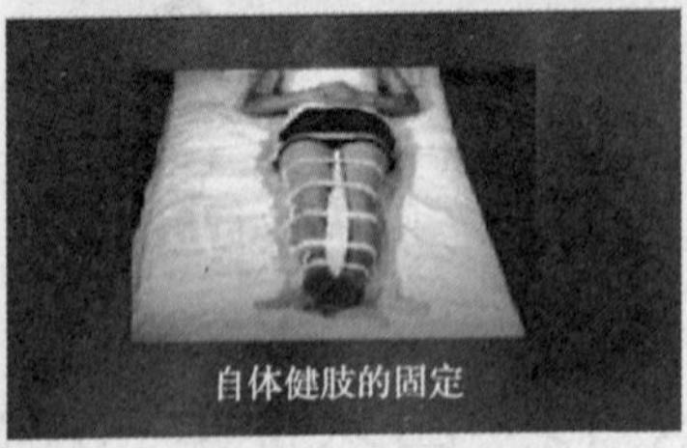

自体健肢的固定

3.11 吊装伤害应急处置

当吊装事故发生时如果有人员伤害，首先抢救受伤人员同时报告应急指挥中心。

如果发生吊装事故没有人员伤亡，应及时处理以免发生人身伤害。

设置警戒区，保护现场，组织人员撤离。

得到报警信号后，施工人员立即停止工作，就近关闭电源、火源，沿即定应急撤离路线撤离到指定地点，撤离过程中听从应急指挥员的指挥，不拥挤、不慌乱，照顾伤病员，有秩序地迅速撤离。

如伤害严重时，应立即安排车辆将伤员送往医院急救。

人员撤离到集合地点时，清点人员。

应急指挥中心组织好现场保护工作，并协助公司、业主或地方主管部门进行调查。

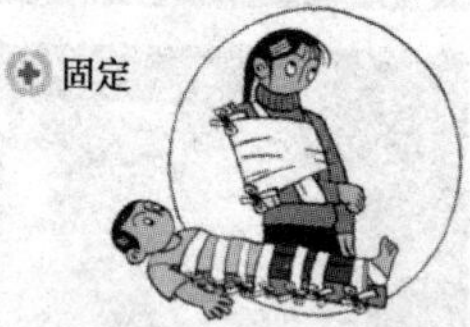

3.12 自然灾害、极端气象灾害应急处置

紧急避灾警句

自我救，相互救，避灾路线要记熟。
遇事故，快报警，获救时间分秒争。
避灾中，切莫惊，遵守纪律忌独行。
迎风流，看标记，选择进风口撤离。
离灾区，有困难，暂避快进安全点；
敲铁轨，留标记，求救信号发出去；
先复苏，后搬运，抢救窒息慎又慎；
后搬运，先止血，出血伤员怕流血；
后搬运，先固定，骨折伤员莫乱动。
瓦斯爆，煤尘炸，背向震动脸朝下；
湿毛巾，捂口鼻，最怕吸入有毒气；
快戴好，自救器，顶板坚固水处避；
遇火灾，快酌情，能救则救切莫惊；
遇水灾，快避开，躲避水头是要诀；
煤瓦斯，突出时，戴自救器进峒室。

3.12.1　洪涝灾害

3.12.1.1　洪涝灾害的自救与防范

暴雨预警信号分三级，分别以黄色，橙色，红色表示。

暴雨黄色预警信号：6h 降雨量将达 50mm 以上，或过去 6h 降雨量已达 50mm 以上且强降雨(1h 内 10mm 以上的降雨)可能持续。

专家提示>>>

◆ 采取防御措施，保证人员安全；

◆ 相关单位做好低洼，易受淹地区的排水防涝工作；

◆ 驾驶人员应注意道路积水和交通阻塞，确保安全。

暴雨橙色预警信号：3h 降雨量将达 50mm 以上，或过去 3h 降雨量已达 50mm 以上且强降雨可能持续。

专家提示>>>

◆ 暂停户外作业，人员尽可能停留在室内或者安全场所避雨；

◆ 交通管理部门应对积水地区实行交通引导或管制；

◆ 转移危险地带以及危房居民到安全场所避雨。

暴雨红色预警信号：3h 降雨量将达 100mm 以上，或已达 100mm 以上且强降雨可能持续。

专家提示>>>

◆ 人员应留在安全处所，户外人员应立即到安全地方暂避；

◆ 相关应急处置部门和抢险单位随时准备启动抢险应急方案；

◆ 医院、学校、幼儿园以及处于危险地带的单位应停课，停业，民众立即转移到安全地方暂避；

洪水是指由于暴雨或水库溃坝等引起江河水量迅猛增加及水位急剧上涨的自然现象。

应急要点>>>

• 突然遭到洪水袭击时，要沉着冷静，并以最快速度安全转移。安全转移要先人员后财产，先老幼病残人员，后其他人员。切不可心存侥幸或救捞财物而贻误避灾时机，造成不应有的人员伤亡。

• 被洪水围困，有通信条件的，可利用通信工具寻求救援；无通信条件的，要想办法向外界发出紧急求助信号，可制造烟火或来回挥动颜色鲜艳的衣物或集体同声呼救，不断向外界发出紧急求助信号；同时要寻找体积较大的漂浮物等，主动采取自救措施。

• 当住宅遭受洪水淹没或围困时，应迅速安排家人向屋顶转移，并想办法发出呼救信号，条件允许时，可利用竹木等漂浮物转移到安全的地方。

• 发现高压线铁塔倾斜或者电线断头下垂时，一定要迅速远避，防止触电。

• 对于因呛水或泥石流，房屋倒塌等导致的受伤人员，应立即清除其口、鼻、咽喉内的泥土及痰，血等，排除体内污水。

对昏迷伤员，应将其平卧，头后仰，将舌头牵出，尽量保持呼吸道畅通，如有外伤应采取止血，包扎，固定等方法处理，然后转送医院急救。

专家提示>>>

洪水灾害中如何原地待救？

水灾的发生，都是灾害能量积累到一定程度的结果，因此在洪水到来前，洪灾区群众应利用这段有限的时间尽可能充分地作好准备。

有条件者可修筑或加高围堤；无条件者选择登高避难之所，如基础牢固的屋顶、在大树上筑棚、搭建临时避难台。蒸煮可供几天食用的食品，宰杀家畜制成熟食；将衣被等御寒物放至高处保存；扎制木排，并搜集木盆、木块等漂浮材料加工为救生设备以备急需；将不便携带的贵重物品做防水捆扎后埋入地下或置放高处，票款、首饰等物品可缝在衣物中；准备好医药、取火等物品；保存好各种尚能使用的通信设施。

洪水将至，应该如何逃生？

处于水深在 0.7m 以上至 2m 的淹没区内，或洪水流速较大难以在其中生活的居民，应及时采取避难措施。因避难主要是大规模、有组织的避难，所以要注意：

一要让避难路线家喻户晓，让每一个避难者弄清，洪水先淹何处，后淹何处，以选择最佳路线，避免造成“人到洪水到”的被动。

二要认清路标。在那些洪水多发的地区，政府修筑有避难道路。一般来说，这种道路应是单行线，以减少交通混乱和阻塞。在那些避难道路上，设有指示前进方向的路标，如果避难人群未很好地识别路标，盲目地走错路，再往回折返，便会与其他人群产生碰撞、拥挤，产生不必要的混乱。

三要保持镇定的情绪。掌握“灾害心理学”实际上也是一种学问。专家介绍，在一个拥有 150 万人口的滞洪区，当地曾做过一次避难演习，仅仅是一个演习，竟因为人多混乱挤塌了桥，发生死伤事故。在洪灾中，避难者由于自身的苦痛、家庭的巨大损失，已经是人心惶惶，如果再受到流言蜚语的蛊惑、避难队伍中突然发出的喊叫、警车和救护车警笛的乱鸣这些外来的干扰，极易产生不必要的惊恐和混乱。

哪些是较安全的避难所？

避灾专家们认为，避难场所的选择不容忽视。避难所一般应选择在距家最近、地势较高、交通较为方便处，应有上下水设施，卫生条件较好，与外界可保持良好的通讯、交通联系。在城市中大多是高层建筑的平坦楼顶，地势较高或有牢固楼房的学校、医院，以及地势高、条件较好的公园等。

农村的避难场所大体有两类：一是大堤上，但那里卫生条件差，缺少上下水设施，人们只是将洪水沉淀一下、洒些漂白粉直接饮用；加之人畜吃喝、排泄都在这里，生活垃圾堆积，时间一长，极易染上疾病。二是村对村、户对户，邻近村与受灾村结成长期的“对手村”关系。在洪水多发的乡村，政府通过发放卡片方式形成“对手户”。专家自豪地说，这是外国所不具备的，我国人民长期与洪水斗争保留下来的良好传统。

3.12.1.2 防洪防汛

洪水防范措施：编制防洪防汛预案，并在汛期前做好检查落实工作。学习防洪知识，加强并完善自身环境内的防灾措施，发现异常征兆，如堤坝渗水，出现“管涌”，水位异常猛涨，应及时向有关部门报告。做好防洪准备，准备必要的医疗用品，妥善安置贵重物品，准备必要的衣物、食品、矿泉水，做好自救和救援的准备，将人畜等尽早转移到安全的地方。如被洪水围困，可在屋顶、树上等高处避难。将木料或木制家具捆扎成救生筏使用，施放求救信号，等待救援。如有条件时，要积极援救周围的遇难者。在洪水到达之前，最重要的是选择逃生路线，尽快地体的物体下(旁)、易于形成三角空间的地方，开间小、有支撑的地撤离危险地带，不要徒步涉过水流湍急、水深已过膝的水溪。不能饮用洪流中的污水。即时了解汛期灾情，制定或调整防洪对策。在汛情紧张时期，当天气预报有连续暴雨或有台风袭击时，在易受洪水淹没的低洼、滞洪地带或湖泊、海边、河边的人群，更要提高警惕，随时注意水位的变化，及时了解洪水的情况，采取适当的措施，避免或减轻洪水的危害。

3.12.1.3 洪涝灾害时危险化学品设施应急处置

当发生江河洪水、渍涝灾害、山洪灾害(指由降水引发的山洪、泥石流、滑坡灾害)、风暴潮灾害，以及由洪水、风暴潮、地震、恐怖活动等引发的水库垮坝、江河湖海堤防决口、水闸倒塌等事件造成洪水灾害时，现场应急处置实施原则如下：

(1) 采取关闭与切断措施。在洪汛灾害到达前停止拟受灾区域内的生产设施作业，切断工艺流程及电力系统，做好相关保护措施，防止油气泄漏。

(2) 全力抢救伤员。组织专业医疗救护小组抢救现场受伤人员，及时清点受灾区域工作点数量、失踪或受困人数，制定营救方案和营救路线；组建抢险救灾突击队，配备机动装备、水陆作业装备等主要装备及各类抢险、救灾、救护、救生器材，根据制定的营救方案和营救路线随时前往受灾区域进行营救活动；必要时请求地方政府、部队和社会团体参与营救。

(3) 加强设施监控和监护。对洪水浸泡的生产设施、油气输送管线应加强监控，采取必要的措施控制泄漏。

(4) 加强区域联防。配合地方政府开展抗洪救灾和灾民安置工作。

(5) 加强卫生防疫工作，做好消毒清洗，防止疫情发生。

(6) 及时清理现场。洪汛灾害过后，应尽快组织人员清洗现场，清理污泥，为恢复生产创造条件。

3.12.2　地震

3.12.2.1　地震的自救与防范

地震灾害的伤亡主要由建筑物倒塌造成。

应急要点>>>

• 住在平房的居民遇到地震时，如室外空旷，应迅速头顶保护物跑到屋外；来不及跑时可躲在桌下，床下及坚固的家具旁，并用毛巾衣物捂住口鼻防尘，防烟。

• 住在楼房的居民，应选择厨房，卫生间等开间小的空间避震；也可躲在内墙根，墙角，坚固的家具旁等易于形成三角空间的地方；要远离外墙，门窗和阳台；不要使用电梯，不要跳楼。

• 尽快关闭电源，火源。

• 正在教室上课，工作场所工作，公共场所活动时，应迅速抱头，闭眼，在讲台，课桌，工作台和办公家具下等地方躲避。

正在市内活动时，应注意保护头部，迅速跑到空旷场地蹲下；尽量避开高大建筑物，立交桥，远离高压电线及化学，煤气等工厂或设施。

• 正在野外活动时，应尽量避开山脚，陡崖，以防滚石和滑坡；如遇山崩，要朝远离滚石前进方向的两侧方向跑。

• 正在海边游玩时，应迅速远离海边，以防地震引起海啸。

• 驾车行驶时，应迅速躲开立交桥，陡崖，电线杆等，并尽快选择空旷处立即停车。

• 身体遭到地震伤害时，应设法清除压在身上的物体，尽可能用湿毛巾等捂住口鼻防尘，防烟；用石块或铁器等敲击物体与外界联系，不要大声呼救，注意保存体力；设法用砖石等支撑上方不稳的重物，保护自己的生存空间。

• 参加震后搜救时，应注意搜寻被困人员的呼喊，呻吟和敲击器物的声音；不可使用利器刨挖，以免伤人；找到被埋压者时，要及时清除其口鼻内的尘土，使其呼吸畅通；已发现幸存者但解救困难时，首先应输送新鲜空气，水和食物，然后再想其他办法救援。

专家提示>>>

◆ 遇到地震要保持镇静，不能拥挤乱跑，震后应有序撤离。

◆ 已经脱险的人员，震后不要急于回屋，以防余震。

◆ 对于震动不明显的地震，不必外逃。

◆ 遭遇震动较强烈的地震时，是逃是躲，要因地制宜。

◆ 关注政府发布的最新消息，不听信和传播谣言。

3.12.2.2　地震防范（临震应急）

对地震的主要监测手段有：测震、地磁、地电、地应力、地形变、重力、地下水动态及水文地球化学、电磁波、震前动物行为异常等。

地震主要防范措施：新建、扩建、改建工程项目必须达到抗震设防要求。重大建设工程和可能发生严重次生灾害的建设工程必须进行地震安全性评价。建设工程必须按抗震设防要求和有关规范进行抗震设计、精心施工。建设工程必须避开地震活动断层极其不利地段。没达到抗震设防要求的建设工程要加固，不宜加固的危房要拆除。政府、企业、单位、部门应编制地震应急预案。

遇震时要选择结实、能掩护身体的物体，迅速就地躲避。遇震时一定要镇静，并就地躲避，选择室内结实、能掩护自身，如跨度小的厨房、厕所、墙角、或桌子、床底等矮家具下。千万不要跳楼！不要站在窗边和阳台上。绝对不可以使用打火机或蜡烛，因为空气中可能含有易燃易爆气体。在室外要注意躲避在开阔、安全的地方。避开高大建筑物如楼房，特别是有玻璃幕墙的高层建筑、立交桥、高烟囱等；避开危险物如变压器、电线杆、路灯、广告牌、吊车等。遇到山崩、滑坡，要向垂直于滚石前进方向跑，切不可顺着滚石方向往山下跑；也可躲在结实的障碍物下，或蹲在地沟、坎下；特别要保护好头部。处于泥石流区时，应迅速向泥石流沟两侧跑离，切记不能顺沟向上或向下跑动。避开山脚、陡峭的山坡、山崖等。迅速避开高大危险建筑物！不能顺着滚石方向跑！

3.12.2.3 地震时危险化学品设施应急处置

按照国家和行业标准规范制定的破坏性地震现场抢险方案，在实施过程中，坚持“以人为本”的指导思想，应符合以下要求：

① 紧急避震，采取自我保护措施，确保人身安全；

② 切断危险源，紧急关闭一切生产设施；

③ 设定隔离区，组织力量对现场进行隔离、警戒；

④ 应急人员应佩戴个人防护用品进入隔离区，实时监测空气中有毒物质的浓度；

⑤ 紧急疏散转移隔离区内所有无关人员到安全场所；

⑥ 组织抢险救灾队伍、运输车辆、生命探测仪、照明设施、气体检测仪、防毒器具及各类抢险、救灾、救护、救生器材；及时开展抢险工作，并全力搜寻和抢救伤员；必要时请求地方政府、部队和社会团体参与营救；

⑦ 以控制泄漏源，防止次生灾害发生为处置原则，实施堵漏，回收或处理泄漏物质；

⑧ 确保应急救援人员和被疏散人员的生活后勤保障。

3.12.3 高温

3.12.3.1 高温的自救与防范

高温预警信号分二级，分别以橙色和红色表示。

高温橙色预警信号：24h 内最高气温将升至 37℃上。

专家提示>>>

◆ 尽量避免午后高温时段的户外活动，对老，弱，病，幼人群提供防暑降温指导，并采取必要的防护措施。

◆ 注意防范因用电量过高，电线、变压器等电力设备负载大而引发火灾。

◆ 户外或高温条件下的作业人员应采取必要的防护措施。

◆ 注意作息时间，保证睡眠，必要时准备一些常用的防暑降温药品。

◆ 加强防暑降温保健知识宣传。

高温红色预警信号：24h 内最高气温将升至 40℃以上。

专家提示>>>

◆ 注意防暑降温，白天尽量减少户外活动。

◆ 特别注意防火。

◆ 停止户外露天作业。

◆ 其他参阅高温橙色预警信号。

3.12.3.2 高温时危险化学品设施应急处置

（1）制定和落实好各项安全目标责任

① 各单位应根据自身特点，制定夏季安全生产技术措施及管理职责，将责任落实到人头；

② 各单位应一把手亲自挂帅，对夏季安全生产技术措施中规定的重点部位、关键环节和重大危险源等进行检查，督促落实整改措施；

③ 加强关键岗位巡查、监控、做好每一岗位交接巡检记录，及时排查各类事故隐患；

④ 制定并落实夏季生产事故预案及演练，提前做好事故预防工作；

⑤ 强化夏季安全生产宣传教育，根据夏季生产的安全特点，有针对性地加强防暑降温、防雷、防静电、防火防爆、防洪防汛等项教育，将事故隐患消灭在萌芽状态。

（2）落实好安全技术措施

① 防止超温超压管理

a. 锅炉、压力容器等易燃易爆储罐的安全设施，如安全阀、压力表、呼吸阀、减压阀、液位计、温度计、快速切断阀、水幕、喷淋设施等，必须保持完好；

b. 常压储罐的储量应严格控制在安全临界范围内，严禁超装；

c. 压力容器应平稳操作，开始加载时，速度不宜过快，防止压力突然上升，加热或冷却时都应缓慢进行，避免压力大幅波动；

d. 对易超温超压设备严格实施降温保护；

e. 应随时掌握放空、泄压系统、管线的完好使用情况；

f. 主控室、设备操作间等室内温度、通风控制在正常状态；

g. 随时检查使安全防护设施，如轴流风机、可燃气体报警仪等处于良好运行状态。

② 防火防爆管理

a. 加强动火及火源管理，加强用火、临时用电审批；

b. 保证消除通道畅通，消防栓、井、消防泵站等设施完好，气体防护装备完好；

c. 制定临时用电制度，由专业部门专人审批管理，并有严格的监督、处罚措施；

d. 可燃气体报警监控装置及安全联锁、监控系统完好；

e. 杜绝跑、冒、滴、漏，及时巡查回收现场物料，搞好清洁文明生产。

③ 防暑降温管理

a. 做好防暑降温保健工作，为岗位工人配备降温饮品等；

b. 确保生产场所轴流风机、空调、风扇等防暑降温设施完好，必要时可采用加湿降温和机械通风等措施，确保工作场所和操作人员安全健康；

c. 高温条件及室外作业人员应尽量避开高温时间作业，并采用适当降温措施，以保证作业人员的安全健康。

(3) 加强夏季安全生产管理的主要措施

① 备好夏季安全生产所需原材料及抢险物资；

② 储罐区喷淋设施完好；

③ 建立联锁监控系统台账；

④ 对所有停用的设备管线应有专人负责处理泄压和吹扫，并做好记录；

⑤ 加强机械设备润滑管理，严把定置管理和“三级过滤”关，加强设备的维护保养，确保设备完好；

⑥ 加强电气设备检查，严防超温过载；

⑦ 随时检查防雷防静电及可燃气体报警装置的完好情况，并随时进行整改，确保完好使用；

⑧ 对可能存在泄漏的地点重点监控检查，对高空放空点及高空可能泄漏点进行重点控制，防止泄漏雷击着火；

⑨ 加强外来施工单位安全管理，严格审批安全资质，加强外来施工人员安全教育；

⑩ 加强劳保用品佩戴检查管理，严禁穿钉鞋、拖鞋、背心、短裤(裙)上岗，做好滤毒罐、空气呼吸器、绝缘工具等应随时检查，维护保养；

⑪ 岗位工人防暑降温用品应及时发放到位；

⑫ 防洪、汛物资应提前住储备，禁止挪用；

⑬ 空调、通风以及安全隔离防护设施均应完好投用。

3.12.4 台风和龙卷风

3.12.4.1 台风和龙卷风的自救与防范

(1) 预防措施

① 注意媒体报道　如广播、电视等。

② 识别龙卷云　龙卷云除具有积雨云的一般特征以外，在云底会出现乌黑的滚轴状云，当云底见到有漏斗云伸下来时，龙卷风就会出现。

③ 提高警觉　防止山崩或道路坍方，山坡下和山区公路不宜停留或停车。为了生命的安全，应该及早离开。

（2）应对龙卷风措施

① 野外躲避　当在野外听到由远而近、沉闷逼人的巨大呼啸声要立即躲避。这声音或"像千万条蛇发出的嘶嘶声"，或"像几十架喷气式飞机、坦克在刺耳地吼叫"，或"类似火车头或汽船的叫声"等。

如在野外遇上龙卷风，应在与龙卷路径相反或垂直的低洼区躲避，因为龙卷风一般不会突然转向。

② 室内躲避　当龙卷风向住房袭来时，要打开一些门窗，躲到小开间、密室或混凝土的地下庇所，上覆有 25cm 以上的混凝土板较为理想。

注意：汽车和活动房屋均没有防御龙卷风的能力。

要在东北方向的房间躲避，并采取面向墙壁抱头蹲下姿势。因为西南方向的内墙容易内塌。

远离危险房屋和活动房屋，向垂直于龙卷风移动的方向撤离，藏在低洼地区或平伏于地面较低的地方，保护头部；可以跑到靠近大树的房内躲避(注意防止砸伤)。

③ 乘车躲避　当乘汽车遭遇龙卷风时，应立即停车并下车躲避，防止汽车被卷走，引起爆炸等。

（3）台风灾害的应急与对策

① 随时注意台风动向，紧急危险事故可打 110 电话请求协助；

② 位处低洼地区时，应暂迁至高处所；

③ 准备手电筒、食物及饮用水，检查电路；

④ 不可贸然外出，以免受伤；

⑤ 检查门窗是否坚固，各种悬吊物应取下；

⑥ 清扫排水管道；

⑦ 将屋外的物品移置安全场所；

⑧ 断落的电线，应请专业人员处理。

3.12.4.2　预防台风

一定要出行建议乘坐火车。在航空、铁路、公路三种交通方式中，公路交通一般受台风影响最大。一定要出行，建议不要自己开车，可以选择坐火车。

请尽可能远离建筑工地。居民经过建筑工地时最好稍微保持点距离，因为有的工地围墙经过雨水渗透，可能会松动；还有一些围栏，也可能倒塌；一些散落在高楼上没有及时收集的材料，譬如钢管、榔头等，说不定会被风吹下；而有塔吊的地方，更要注意安全，因为如果风大，塔吊臂有可能会折断。还有些地方正在进行建筑立面整治，人们在经过脚手架时，最好绕行，不要往下面走。

保持消息畅通。注意广播或电视里的天气情况播报。准备一互动交流平台如可以用电池的收音机（还有备用电池）以防断电。准备蜡烛和手电筒。储备食物、饮用水、电池和急救用品。固定或收回屋外、阳台上的一切可移动物品，包括玩具、自行车、家具、植物等。将盆栽或其他重物搬离窗户。台风来临前应将阳台、窗外的花盆等物品移入室内，切勿随意外出，家长关照自己孩子，居民用户应把门窗捆紧拴牢，特别应对铝合金门窗采取防护，确保安全。市民出行时请注意远离迎风门窗，不要在大树下躲雨或停留。检查门窗是否密封。如果风力过强，即便关了窗户雨水仍有可能进入屋内，因此需要准备毛巾和墩布。如果风力过强，请远离窗户等可能碎裂的物品。

台风过去后，仍要注意破碎的玻璃、倾倒的树或断落的电线等可能造成危险的状况。台风中外伤、骨折、触电等急救事故最多。受伤后不要盲目自救，请拨打120。外伤主要是头部外伤，被刮倒的树木、电线杆或高空坠落物如花盆、瓦片等击伤。电击伤主要是被刮倒的电线击中，或踩到掩在树木下的电线。不要打赤脚，穿雨靴最好，防雨同时起到绝缘作用，预防触电。走路时观察仔细再走，以免踩到电线。通过小巷时，也要留心，因为围墙、电线杆倒塌的事故很容易发生。高大建筑物下注意躲避高空坠物。发生急救事故，先打 120，不要擅自搬动伤员或自己找车急救。搬动不当，对骨折患者会造成神经损伤，严重时会发生瘫痪。

3.12.4.3　防御飓风

提前进行准备工作，远离海岸，躲进坚固的避风所。

飓风警报通常在其可能到来前 24h 发布，这时，要开始加固门窗，房顶，储备好饮用水、食品、衣物和照明用具。

远离海滨，河岸，这些地方都将会被破坏得很严重，并伴随有洪水和大浪；逗留在此，会造成生命危险。如在海上行进，要放下船帆，封住船舱，把所有的工具收藏好，如有可能，尽快离开台风经过的区域。

最好待在坚固的建筑物里或地下室中，如果没有坚固的建筑物，则躲到飓风庇护所，走前别忘了切断屋中的电源。

不要在刮飓风时行走，那是极度危险的，如果迫不得已，应躲开飓风即将经过的路线。

台风预警信号根据逼近时间和强度分四级，分别以蓝色、黄色、橙色和红色表示。龙卷风是从积雨云中伸下的猛烈旋转的漏斗状云柱。

台风蓝色预警信号：24h 内可能受热带低压影响，平均风力达 6 级以上，或阵风 7 级以上；或已经受热带低压影响，平均风力为 6~7 级，或阵风 7~8 级并可能持续。

专家提示>>>

◆ 做好防风准备，注意有关媒体报道的热带低压最新消息和有关防风通知。

◆ 把门窗，围板，棚架，临时搭建物等易被风吹动的搭建物固紧，妥善安置易受热带低压影响的室外物品。

台风黄色预警信号：24h内可能受热带风暴影响，平均风力达8级以上，或阵风9级以上；或已经受热带风暴影响，平均风力为8~9级，或阵风9~10级并可能持续。

专家提示>>>

◆ 进入防风状态，建议幼儿园，托儿所停课。

◆ 关紧门窗，处于危险地带和危房中的居民，以及船舶应到避风场所避风；通知高空，水上等户外作业人员停止作业，危险地带工作人员撤离。

◆ 切断霓虹灯招牌及危险的室外电源。

◆ 停止露天集体活动，立即疏散人员。

◆ 其他参阅台风蓝色预警信号。

台风橙色预警信号：12h内可能受强热带风暴影响，平均风力达10级以上，或阵风11级以上；或已经受强热带风暴影响，平均风力为10~11级，或阵风11~12级并可能持续。

专家提示>>>

◆ 进入紧急防风状态，建议中、小学停课。

◆ 居民切勿随意外出，确保老人，小孩留在家中最安全的地方。

◆ 加强值班，密切监视灾情，落实应对措施。

◆ 停止室内外大型集会，立即疏散人员。

◆ 加固港口设施，防止船只走锚，搁浅和碰撞。

◆ 其他参阅台风黄色预警信号。

台风红色预警信号：6h内可能或已经受台风影响，平均风力达12级以上，或已达12级以上并可能持续。

专家提示>>>

◆ 进入特别紧急防风状态，建议停业、停课(除特殊行业)。

◆ 人员应尽可能待在防风安全地方，相关应急处置部门和抢险单位随时准备启动抢险应急方案。

◆ 当台风中心经过时风力会减小或静止一段时间，切记强风将会突然吹袭，应继续留在安全处避风。

◆ 其他参阅台风橙色预警信号。

3.12.4.4 台风和龙卷风时危险化学品设施应急处置

应遵循以下实施原则：

① 采取关闭与切断措施，隔断被破坏的生产设施，并做好相关保护措施，防止油气泄漏；

② 台风、特大暴雨期间，除正常生产外，停止户外施工作业；

③ 特大暴雨期间需特别注意山体滑坡现象，指挥直属企业加固生产装置、生产设施旁的山体护墙；组织人员检查和处理排水系统，保持畅通；

④ 发生险情，应及时协调医疗救助力量全力抢救伤员；

⑤ 对受灾区域内的生产设施、油气输送管道应加强监控，采取必要的措施控制泄漏；

⑥ 加强区域联防，配合地方政府做好灾民安置工作。

3.12.5 雷电

3.12.5.1 雷电的自救与防范

雷雨天气常常会产生强烈的放电现象，如果放电击中人员，建筑物或各种设备，常会造成人员伤亡和经济损失。

应急要点>>>

• 注意关闭门窗，室内人员应远离门窗，水管，煤气管等金属物体。

• 关闭家用电器，拔掉电源插头，防止雷电从电源线入侵。

• 在室外时，要及时躲避，不要在空旷的野外停留。

• 在空旷的野外无处躲避时，应尽量寻找低洼之处(如土坑)藏身，或者立即下蹲，降低身体的高度。

• 远离孤立的大树、高塔、电线杆、广告牌。

• 立即停止室外游泳、划船、钓鱼等水上活动。

• 如多人共处室外，相互之间不要挤靠，以防被雷击中后电流互相传导。

专家提示>>>

◆ 高大建筑物上必须安装避雷装置，防御雷击灾害。

◆ 在户外不要使用手机。

◆ 对被雷电击中人员，应立即采用心肺复苏法抢救。

◆ 雷雨天尽量少洗澡，太阳能热水器用户切忌用其洗澡。

◆ 雷电极具破坏力，闪电的强度可高达500kV。雷电以其热效应、机械效应、反击电压、雷电感应等方式产生破坏作用，从而造成人员伤亡、火灾、爆炸、建筑物、电气设备和各种设施损坏、电力和通信的中断。

防雷措施：建筑物、电力线路、电气设备、计算机及其网络微波通信、卫星通信等都应安装避雷设施。各类防雷设施都要定期由专业检测机构进行检测、检查。遇到雷雨天气，在室内要自我保护，关闭门窗、电视机、计算机、电风扇等电器设备开关；不要靠近水管、暖气片、煤气管、避雷针引下线等建筑物内的裸露金属物；不要在电灯灯头下洗头，不要停留在屋(楼)顶上。在野外遇到雷雨天气，尽量不要在雷雨中行走，避雨时不要躲进孤独的小屋里或躲进独树下，电线杆、高压线旁。在雷雨天气不宜站在高坡上，不宜在湖中划船或游泳，不宜在旷野打带有金属尖顶的伞或扛着金属制品。

3.12.5.2 雷电时危险化学品设施应急处置

(1) 按期组织测试防雷、防静电设备接地系统装置的完好情况，确保完好。

(2) 对装卸、输送、采样、检尺、设备清洗等存在易燃易爆物料岗位采取防静电措施，以确保达到安全要求。

3.12.6 暴雪

3.12.6.1 暴雪的自救与防范

暴雪预警信号分三级，分别以黄色、橙色、红色表示。

暴雪黄色预警信号：6h 内降雪量达 5mm 以上，可能对交通或牧业有影响。

专家提示>>>

◆ 相关部门做好防雪准备。

◆ 交通部门做好道路融雪准备，农牧区备好粮草。

暴雪橙色预警信号：6h 内降雪量达 10mm 以上，可能对交通或牧业有较大影响，或已经出现对交通或牧业有较大影响的降雪并可能持续。

专家提示>>>

◆ 做好道路清扫和积雪融化工作。

◆ 驾驶人员要小心驾驶，保证行车安全。

◆ 其他参阅暴雪黄色预警信号。

暴雪红色预警信号：6h 内降雪量达 15mm 以上，可能对交通或牧业有很大影响，或已经出现对交通或牧业有很大影响的降雪并可能持续。

专家提示>>>

◆ 必要时关闭道路交通。

◆ 相关应急处置部门随时准备启动应急方案。

◆ 其他参阅暴雪橙色预警信号。

道路结冰预警信号分三级，分别以黄色、橙色、红色表示。

道路结冰黄色预警信号：12h 内可能出现对交通有影响的道路结冰。

专家提示>>>

◆ 交通，公安等部门要做好应对准备工作。

◆ 驾驶人员应注意路况，安全行车．道路结冰橙色预警信号。

道路结冰橙色预警信号：6h 内可能出现对交通有较大影响的道路结冰。

专家提示>>>

◆ 行人出门注意防滑。

◆ 公安等部门注意指挥和疏导行驶车辆。

◆ 驾驶人员应采取防滑措施，听从指挥，慢速行驶。

◆ 其他参阅道路结冰黄色预警信号。

道路结冰红色预警信号：2h 内可能出现或已经出现对交通有很大影响的道路结冰。

专家提示>>>

◆ 相关应急处置部门随时准备启动应急方案。

◆ 必要时关闭结冰道路交通。

◆ 其他参阅道路结冰橙色预警信号。

3.12.6.2　暴雪时危险化学品设施应急处置

当冰雪灾害对所属企业造成严重影响时，应遵循以下实施原则：

① 与受灾区域人员建立通信联系，详细了解现场情况，指

挥现场人员展开自救工作，向政府有关部门报告和求援。组织救援队伍，调拨救灾物资，制定救援路线和营救计划；

② 抢救受伤人员，搜救失踪人员，安慰遇难者家属，配合地方政府做好受灾人员的安抚、安置、撤离等工作，根据现场情况请求社会救援力量；

③ 对受灾严重的重要生产设备、设施和关键装置进行检测、评估，关闭可能发生危险的生产设备及场所，同时做好安全防护措施，设立警戒区域，在确保人身、财产安全的前提下组织人员破冰除雪；

④ 对事态发展进行跟踪了解，及时调整原油及成品油调配计划；组织前线救灾突击队，在受灾严重地区建立救助站和供应点，救助受灾人员，加强区域联防；

⑤ 组织工程队伍清理受灾现场，对生产设备、设施进行抢修，为尽快恢复灾区生产、供应创造条件。

3.12.7 地质灾害

3.12.7.1 地质灾害的自救与防范

(1) 泥石流

泥石流是山地沟谷中由洪水引起的携带大量泥沙，石块的洪流. 泥石流来势凶猛，且经常伴随山体崩塌，对农田和道路，桥梁及其他建筑物破坏极大。

应急要点>>>

- 发现有泥石流迹象，应立即观察地形，跑至沟谷两侧山坡或高地。
- 逃生时，要抛弃一切影响奔跑速度的物品。
- 不要躲在有滚石和大量堆积物的陡峭山坡下。
- 不要停留在低洼地方，也不要攀爬到树上躲避。

专家提示>>>

◆ 泥石流发生前的迹象：河流突然断流或水势突然加大，并夹有较多柴草，树枝；深谷或沟内传来类似火车轰鸣或闷雷般的声音：沟谷深处突然变得昏暗，并有轻微震动感等。

◆ 去山地户外游玩时，要选择平整的高地作营地，尽可能避开河(沟)道弯曲的凹岸或地方狭小高度又低的凸岸。

◆ 切忌在沟道处或沟内的低平处搭建宿营棚。当遇到长时间降雨或暴雨时，应警惕泥石流发生。

(2) 崩塌

崩塌易发生在较为陡峭的斜坡地段，崩塌常导致道路中断，堵塞，或坡脚处建筑物毁坏倒塌，如发生洪水还可能直接转化成泥石流。更严重的是，因崩塌堵河断流而形成天然坝，引起上游回水，使江河溢流，造成水灾。

应急要点>>>

• 行车中遭遇崩塌不要惊慌，应迅速离开有斜坡的路段。

• 因崩塌造成车流堵塞时，应听从交警指挥，及时接受疏导。

专家提示>>>

◆ 夏汛时节，选择去山区峡谷游玩时，一定要事先收听当地天气预报，不要在大雨后，连续阴雨天进入山区沟谷。

◆ 雨季时切忌在危岩附近停留。

◆ 不能在凹形陡坡，危岩突出的地方避雨，休息和穿行，不要攀登危岩。

◆ 山体坡度大于45°，或山坡成孤立山嘴，凹形陡坡等形状，以及坡体上有明显裂缝，均容易形成崩塌。

3.12.7.2　泥石流防范

泥石流是山地沟谷中由洪水引起的携带大量泥沙、石块的洪流。泥石流来势凶猛，且经常伴随山体崩塌，对农田和道路、桥梁及其他建筑物破坏极大。发现有泥石流迹象，应立即观察地形，跑至沟谷两侧山坡或高地。逃生时，要抛弃一切影响奔跑速度的物品。不要躲在有滚石和大量堆积物的陡峭山坡下。不要停留在低洼地方，也不要攀爬到树上躲避。

3.12.7.3　地质灾害时危险化学品设施应急处置

当洪汛灾害引发泥石流、山体滑坡等地质灾害时，现场应急处置实施原则如下：

① 立即下令停止受灾区域内的生产作业和管线输送作业，做好切断和防护措施；

② 组织抢险救灾队伍、配备各类抢险、救灾、救护、救生器材，及时开展抢险工作，并全力搜寻和抢救伤员；必要时请求地方政府、部队和社会团体参与营救；

③ 立即核实受灾区域作业人数信息，当确认有人失踪时，应利用生命探测器查找失踪、受困人员；

④ 加强受灾区域的生产设施和管线设施的监控，发现油气、有毒物质泄漏时及时采取堵漏和防泄漏扩散措施；

⑤ 做好环境检测工作，并及时通知人员撤离危险区；

⑥ 加强卫生防疫工作，做好消毒清洗，防止疫情发生；

⑦ 尽快安排工程抢险力量进行现场清理工作，清除道路淤泥，保持交通畅通，保证救援物资的运送。

4 自救与互救

4.1 救护器材的使用

4.1.1 现场人员个体防护

在安全生产事故应急抢险过程中应根据安全生产事故的特点及其引发物质的不同，以及应急人员的职责，采取不同的个体防护装备：应急救援指挥人员、医务人员和其他不进入污染区域的应急人员一般配备过滤式防毒面罩、防护服、防毒手套、防毒靴等；工程抢险、消防和侦检等进入污染区域的应急人员应配备密闭型防毒面罩、防酸碱型防护服和空气呼吸器等；同时做好现场毒物的洗消工作(包括人员、设备、设施和场所等)。

呼吸保护。常用的呼吸保护器具有防毒面罩和正压式空气呼吸器。防毒面罩体积小、质量轻、使用方便，对某些毒气有一定的防护作用。由于不同的过虑芯只能适用于一种或几种毒气。因此，在未知毒剂性质的条件下安全性相对较差。正压式空气呼吸器适用于危险化学品毒性大、浓度高及缺氧的危险场所。空气呼吸器的作业时间不能按铭牌标定的时间，而应根据佩戴人员平时的实际测试确定。一般容积为6L的气瓶，有效工作时间不超过30min。救人时所佩戴的空气呼吸器应带有双人接头。

服装保护。进入高浓度区域工作的人员，内衣必须是纯棉的，外着全封闭式抢险救灾服、阻燃防化服或正压充气防护服。进入火灾区域可着避火服。外围人员可穿着普通战斗服，但袖口、领口必须扎紧，最好用胶带封闭，防止气体进入服装内。

防护等级划分标准

危险区 / 毒类	重度危险区	中度危险区	轻度危险区
剧毒	一级	一级	二级
高毒	一级	一级	二级
中毒	一级	二级	二级
低毒	二级	三级	三级
微毒	二级	三级	三级

泄漏现场防护标准

级 别	形 式	防化服	防护服	防护面具
一级	全身	内置式重型防化服	全棉防静电内外衣	正压式空气呼吸器或全防型滤毒罐
二级	全身	封闭式防化服	全棉防静电内外衣	正压式空气呼吸器或全防型滤毒罐
三级	呼吸	简易防化服	战斗服	简易滤毒罐、面罩或口罩、毛巾等防护器材

4.1.2 个体防护用品

个体防护用品(Personal Protective Equipment，PPE)是指作业者在工作过程中为免遭或减轻事故伤害和职业危害，个人随身穿(佩)戴的用品。在工作环境中尚不可能消除或有效减轻职业有害因素和可能存在的事故因素时，这是主要的防护措施，属于预防职业性有害因素综合措施中的第一级预防。一般而言，个体防护用品可以分为防护头盔、防护面罩、防护眼镜、护耳器、呼吸防护器、防护服、防护鞋、皮肤防护用品、防坠落用具九大类。近些年来，随着防护技术的发展，研制出了一些多功能或复合防护用品。

4.1.2.1 防护头盔

在作业现场，为防止意外重物坠落击伤、生产中不慎撞伤头部，或防止有害物质污染，工人应佩戴安全防护头盔。防护头盔多用合成树脂类如改性聚乙烯和聚苯乙烯树脂聚碳酸酯、玻璃纤维增强树脂橡胶等制成。GB 2811—2007 对安全头盔的形式、颜色、耐冲击、耐燃烧、耐低温、绝缘性等技术性能有专门规定。根据用途，防护头盔可分为单纯式和组合式两类。单纯式有一般炼化企业工人用于防重物坠落砸伤头部的合成树脂类安全帽。机械、纺织等企业防污染用的以棉布或合成纤维制成有舌帽类亦为单纯式。组合式的有：①电焊工安全防护帽，防护帽和电焊工用面罩连为一体，起到保护头部和眼睛的作用；②防尘防噪声安全帽，为安全防尘帽上加上防噪声耳罩。

安全帽的选用：

(1) 标志

根据 GB 2811—2007《安全帽》规定，在安全帽上应有以下永久性标识：①国家标准编号；②制造厂名；③生产日期(年、月)；④产品名称(由生产厂命名)；⑤产品的特殊技术性能(如果有)。

(2) 选择和使用

① 在使用前一定要检查安全帽子是否有裂纹、碰伤痕迹、凹凸不平、磨损(包括对帽衬的检查)，安全帽上如存在影响其性能的明显缺陷就应及时报废，以免影响防护作用。

② 不能随意在安全帽上拆卸或添加附件，以免影响其原有的防护性能。

③ 不能随意调节帽衬的尺寸。安全帽的内部尺寸如垂直间距、佩戴高度、水平间距，标准中是有严格规定的，这些尺寸直接影响安全帽的防护性能，使用者一定不能随意调节，否则，落物冲击一旦发生，安全帽会因佩戴不牢脱出或因冲击触顶而起不

到防护作用，直接伤害佩戴者。

④ 使用时一定要将安全帽戴正、戴牢，不能晃动，要系紧下颏带，调节好后箍以防安全帽脱落。

⑤ 不能私自在安全帽上打孔，不要随意碰撞安全帽，不要将安全帽当板凳坐，以免影响其强度。

⑥ 受过一次强冲击或做过试验的安全帽不能继续使用，应予以报废。

⑦ 安全帽不能放置在有酸、碱、高温、日晒、潮湿或化学试剂的场所，以免其老化或变质。

⑧ 应注意使用在有效期内的安全帽。

4.1.2.2 防护面罩

（1）防固体屑末和化学溶液面罩　用轻质透明塑料或聚碳酸酯塑料制作，面罩两侧和下端分别向两耳和下颏及颈部延伸，使面罩能全面地覆盖面部，增强防护效果。

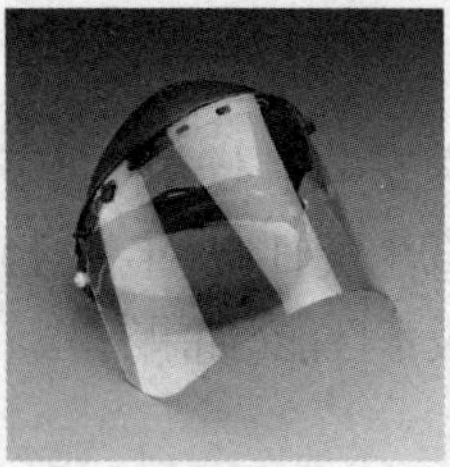

（2）防热面罩　除与铝箔防热服相配套的铝箔面罩外，还有镀铬或镍的双层金属网制成的面罩，反射热和隔热作用良好，并能防微波辐射。

（3）电焊工用面罩　用制作电焊工防护眼镜的深绿色玻璃，周边配以厚硬纸纤维制成的面罩，防热效果较好，并具有一定电绝缘性。

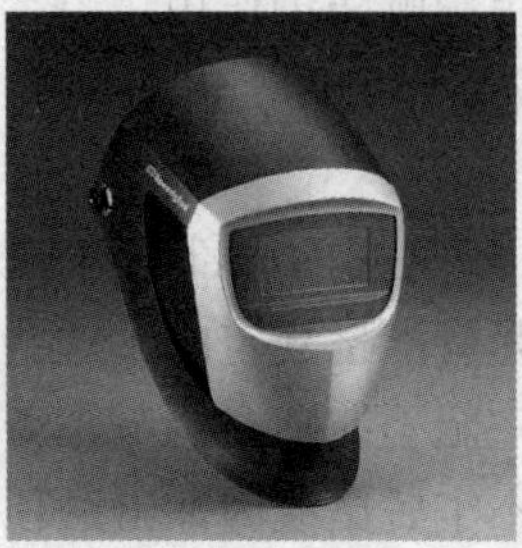

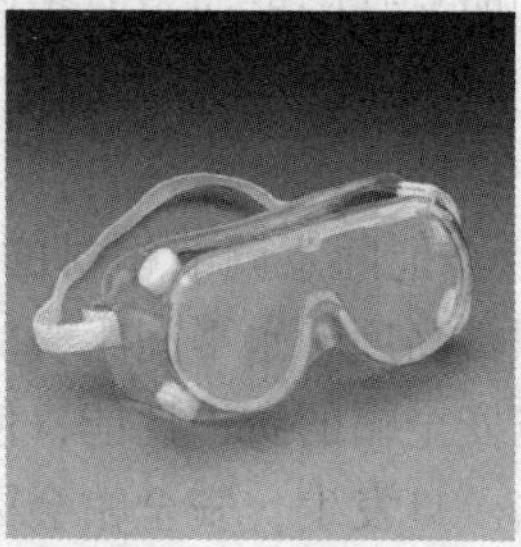

4.1.2.3 防护眼镜

防护眼镜一般用于各种焊接、切割、炉前工、微波、激光的防护眼镜，以及防酸、碱等有害化学物质溅入眼部的护目镜。可根据作用原理将防护镜片分为三类：

(1) 反射性防护镜片　根据反射的方式，可分为干涉型和衍射型。在玻璃镜片上涂布光亮的金属薄膜，如铬、镍、银等，在一般情况下，可反射的辐射线范围较宽(包括红外线、紫外线、微波等)，反射率可达95%，适用于多种非电离辐射作业。另外还有一种涂布二氧化亚锡薄膜的防微波镜片，反射微波效果良好。

(2) 吸收性防护镜片　根据选择吸收光线的原理，用带有色泽的玻璃制成，例如接触红外辐射应佩戴绿色镜片，接触紫外辐射佩戴深绿色镜片，还有一种加入氧化亚铁的镜片能较全面地吸收辐射线。此外，防激光镜片有其特殊性，多用高分子合成材料制成，针对不同波长的激光，采用不同的镜片，镜片具有不同的颜色，并注明所防激光的光密度值和波长，不得错用。使用一定时间后，须交有关检测机关校验，不能长期一直戴用。

(3) 复合性防护镜片　将一种或多种染料加到基体中，再在其上蒸镀多层介质反射膜层。由于这种防护镜将吸收性防护镜和反射性防护镜的优点结合在一起，在一定程度上改善了防护效果。

4.1.2.4 防噪声用具

在工作过程中，各种有害噪声，损害人体听力使人耳聋，长时间在噪声环境下工作，除了产生听力损伤以外，会产生如下系统的改变：神经系统产生耳鸣、头痛、失眠、多梦、乏力、记忆力减退等神经衰弱综合征，产生紧张、忧虑、愤怒和疲劳。心血管系统表现为心电图ST段和T波呈缺血性变化，血压不稳趋向升高。对女性的月经以及妊娠期胎儿的智力、听觉发育有影响。对心理方面的影响主要表现在，长期在噪声环境下工作的职工心理卫生状况不佳，对立、抑郁、敏感倾向增高，幻想倾向者增多。降低劳动生产率，影响人的正常生活。在无法从工艺上改变设备噪声情况下，除了减少接触时间，作业工人必须佩带听力保护器(耳罩或耳塞)，防止听觉造成损害。

防噪声用具，能够防止过量的声能侵入外耳道，使人耳避免噪声的过度刺激，减少听力损伤，预防噪声对人身引起的不良影响的个体防护用品。常用为三种：

(1) 耳塞　为插入外耳道内或置于外耳道口的一种栓，常用材料为塑料和橡胶。按结构外形和材料分为塔形塑料耳塞、圆柱形慢回弹泡沫塑料耳塞和硅橡胶圣诞树形耳塞。对耳塞的要求为：应有不同规格的适合于各人外耳道的构型，隔声性能好、佩戴舒适、易佩戴和取出，又不易滑脱，易清洗、消毒、不变形等。对于长期在噪声环境下工作的应当用易清洗的硅橡圣诞树形耳塞。圣诞树形耳塞可清洗，重复使用。细绳柔软、防缠绕，防止耳塞丢失。外来人员或者临时需要进入噪声作业场所的人员则可以佩带一次性慢回弹耳塞。

使用寿命：当发现耳塞出现破损和脏污迹象，应废弃，更换新耳塞。应遵照当地的适用的法规废弃。

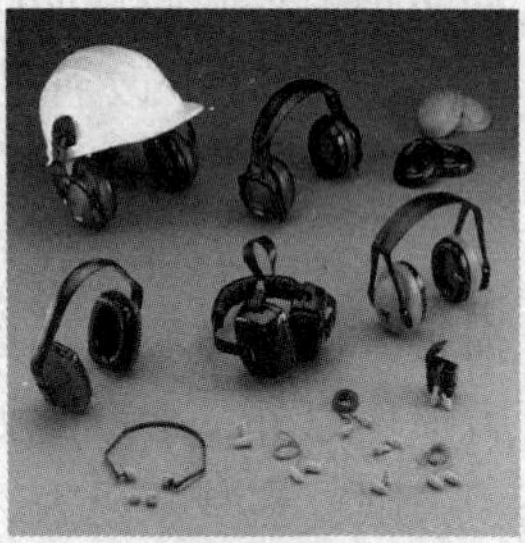
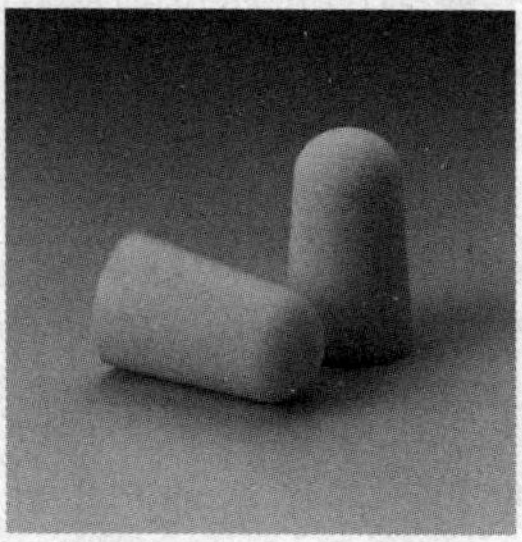

耳塞平均降噪数值

频率/Hz	125	250	500	1000	2000	3150	4000	6300	8000	NRR
真耳降噪值/dB	33.9	37.7	39.8	38.5	37.0	41.9	42.7	45.5	44.6	29dB
标准偏差/dB	4.7	5.5	5.6	4.8	3.1	3.8	3.4	4.0	3.4	

应根据所暴露的噪声值选择具有足够降噪值的护耳器。对于现场噪声>100dB 的作业环境，如磨煤机、罗茨风机应当佩带耳罩。

(2) 耳罩　常以塑料制成呈矩形杯碗状，内具泡沫或海绵垫层，覆盖于双耳，两杯碗间连以富有弹性的头架适度紧夹于头部，可调节，无明显压痛，舒适。要求其隔音性能好，耳罩壳体的低限共振率愈低，防声效果愈好。

(3) 防噪声帽盔　能覆盖大部分头部，以防强烈噪声经骨传导而达内耳，有软式和硬式两种。软式质轻，导热系数小，声衰减量为 24dB。缺点是不通风。硬式为塑料硬壳，声衰减量可达 30~50dB。

对防噪声用具的选用，应考虑作业环境中噪声的强度和性质，以及各种防噪声用具衰减噪声的性能。各种防噪声用具都有适用范围，选用时应认真按照说明书使用，以达到最佳防护效果。

4.1.2.5　呼吸防护器

包括防尘口罩、防毒口罩、防毒面具等，根据结构和作用原理，可分为过滤式和隔离式呼吸防护器两大类。

(1) 过滤式呼吸防护器

是以佩戴者自身呼吸为动力，将空气中有害物质予以过滤净化。适用于空气中有害物质浓度不很高，且空气中含氧量不低于 18%的场所，有机械过滤式和化学过滤式两种。

① 机械过滤式　主要为防御各种粉尘和烟雾等质点较大的固体有害物质的防尘口罩。其过滤净化全靠多孔性滤料的机械式阻挡作用。又可分为简式和复式两种，简式直接将滤料做成口鼻罩，结构简单，但效果较差；复式将吸气与呼气分为两个通路，分别由两个

阀门控制。性能好的滤料能滤掉细尘，通气性好，阻力小。呼气阀门气密性好，防止含尘空气进入。在使用一段时间后，因粉尘阻塞滤料孔隙，吸气阻力增大，应更换滤料或将滤料处理后再用。GB 2626—2006 将自吸过滤式防尘口罩分为 4 类，其阻尘率分别为≥99%、95%、90%、80%，并规定各类口罩的适用范围。

②化学过滤式 简单的有以浸入药剂的纱布为滤垫的简易防毒口罩，还有一般所说的防毒面具，由薄橡皮制的面罩、短皮管、药罐三部分组成，或在面罩上直接连接一个或两个药盒，如某些有害物质并不刺激皮肤或黏膜，就不用面罩，只用一个边储药盒的口罩(也称半面罩)。无论面罩或口罩，其吸入和呼出通路是分开的。面罩或口罩与面部之间的空隙不应太大，以免其中 CO_2 太多，影响吸气成分。防毒面罩(口罩)应达以下卫生要求：滤毒性能好，滤料的种类依毒物的性质、浓度和防护时间而定；我国现产的滤毒罐，各种型号涂有不同颜色，并有适用范围和滤料的有效期；一定要避免使用滤料失效的呼吸防护器，以前主要依靠嗅觉和规定使用时间来判断滤料失效，但这两种方法都有一定局限性；现在开始应用装在滤料内的半导体气敏传感器来进行判断，收到了较好的效果；面罩和呼气阀的气密性好；呼吸阻力小；不妨碍视野，重量轻。

常用防毒滤料及其防护对象

防护对象	滤料名称
有机化合物蒸气	活性炭
酸雾	钠碳
氨	硫酸铜
一氧化碳	“霍布卡”
汞	含碘活性炭

(2) 隔离(供气)式呼吸防护器

经此类呼吸防护器吸入的空气并非净化的现场空气，而是另行供给。按其供气方式又可分为自带式与外界输入式两类。

① 自带式　由面罩、短导管、供气调节阀和供气罐组成。供气罐应耐压，固定于工人背部或前胸，其呼吸通路与外界隔绝。

有两种供气形式：罐内盛压缩氧气(空气)供吸入，呼出的二氧化碳由呼吸通路中的滤料(钠石灰等)除去，再循环吸入，例如常用的2h氧气呼吸器(AHG-2型)；罐中盛过氧化物(如过氧化钠、过氧化钾)及小量铜盐作触媒，借呼出的水蒸气及二氧化碳发生化学反应，产生氧气供吸入。此类防护器可维持30min~2h，主要用于意外事故或密不通风且有害物质浓度极高而又缺氧气的工作环境。但使用过氧化物作为供气源时，要注意防止其供气罐损坏而引起事故。现国产氧供气呼吸防护器装有应急补给装置，当发现氧供应量不足时，用手指猛按应急装置按钮，可放出氧气供2~3min内应急使用，便于佩戴者立即脱离现场。

② 输入式　常用的有两种。蛇管面具：由面罩和面罩相接的长蛇管组成，蛇管固置于皮腰带上的供气调节阀上。蛇管末端接一油水尘屑分离器，其后再接输气的压缩空气机或鼓风机，冬季还需在分离器前加空气预热器。用鼓风机蛇管长度不宜超过50m，用压缩空气时蛇管可长达100~200m。还有一种将蛇管末端置于空气清洁处，靠使用者自身吸气时输入空气，长度不宜超过8m。送气口罩和头盔：送气口罩为一吸入与呼出通道分开的口罩，连一段短蛇管，管尾接于皮带上的供气阀。送气头盔为能罩住头部并伸延于肩部的特殊头罩，以小橡皮管一端伸入盔内供气，另一端也固定于皮腰带上的供气阀，送气口罩和头盔气需供

呼吸的空气，可经由安装在附近墙上的空气管路，通过小橡皮管输入。

(3) 空气呼吸器的维护保养

① 面罩的维护保养

面罩由面镜、网状胶质快速着装系带、双重传声器和供气阀连接口组成。

a. 面镜的维护保养，注意摩擦和撞击到粗糙、坚硬的物质，防止把面镜磨花和影响透光性和清晰度甚至损坏。

b. 着装系带(传声器、供气阀连接口)的保养。着装系带的材质为橡胶，平时在配戴时要按要求松紧，不能用力过大，同时防止一些腐蚀性物质的损坏，发现损坏及时修复。

c. 传声器和供气阀连接口的保养。不能让一些物质进入内部，堵塞里边的小孔和撞击使塑胶材料破裂损坏，导致通话不清晰或与供气阀的连接不牢固。

② 背架的维护和保养

背架由背托、肩带、腰带、气瓶固定带和减压器、中压软导管、快速插头、压力表、报警哨和供给阀等各种部件组成。

a. 背托、肩带、气瓶固定带的维护保养。在使用时轻拿轻放，防止碰撞和与尖锐物质摩擦造成损坏。每次使用结束后，如被水浸湿，需拿到干燥通风处阴干，忌暴晒。保存的时候要把各收紧带置于最大位置，确保能更好地把空气呼吸器缚在战斗员的身上。

b. 供气阀和中压软导管的维护保养。它的主要作用是用来向使用者提供空气，供气阀的作用在于开关供气阀，而应急冲泄阀的作用是用来辅助供气，除却面镜积雾和排放余气的。在使用时，要按说明书中的操作要求正确使用，不要把各连接口的“O形”圈损坏或丢失，不能在阳光下暴晒和与腐蚀物品接触，以免损坏。

c. 减压阀、报警哨、快速插头和压力表的维护保养。减压阀，报警哨，快速插头，在使用前后必须作认真的检查，观其装置是否完好，还能不能发挥其作用，特别是被水浸湿后，要在干燥通风处晾干。对于快速插头还得加注一定的润滑油，保证完整好用。压力表的保养：在检查气瓶气压时也是对它的一个检查，在检查完后，要释放内存余气，确保压力表和中压软管不会在长时间受压情况下损坏；同时也不能用它测量超值压，避免超负荷。

③ 压缩空气瓶和气瓶阀的保养

气瓶阀是用来控制气瓶开关的组件，对其要正确开关，平时需加注一定的润滑油。

压缩气瓶主要用来存放压缩空气，目前有钢质和碳纤维两种。在冲气时应注意：冲入空气不能超过额定的安全气压，空气湿度不能太大，会导致钢瓶内壁氧化；在使用时不能激烈碰撞和与尖锐物摩擦，轻则导致气瓶损坏，重则导致爆炸；必要时给气瓶(尤其是碳纤维气瓶)制作一个保护套，防止摩擦损坏。钢制气瓶还应涮一层防锈漆，避免气瓶外部受到氧化；充满气体的气瓶不能在阳光下暴晒和高温处存放，避免损坏或引起爆炸。

4.1.2.6　防护服

防护服包括帽、衣、裤、围裙、套裙、鞋罩等，有防止或减轻热辐射、X射线、微波辐射和化学物污染机体的作用。

(1) 防热服

防热服应具有隔热、阻燃、牢固的性能，但又应透气，穿着舒适，便于穿脱；可分为非调节和空气调节式两种。

(2) 防化学污染物的服装

一般有两类：一类是用涂有对所防化学物不渗透或渗透率小的聚合物化纤和天然织物做成，并经某种助剂浸轧或防水涂层处理，以提高其抗透过能力，如喷洒农药人员防护服；另一类是以丙纶、涤纶或氯纶等织物制作，用以防酸碱。对这些防护服，国家有一定的透气、透湿、防油拒水、防酸碱及防特定毒物透过的标准。

(3) 微波屏蔽服

微波屏蔽服可分为金属丝布微波屏蔽服和镀金属布微波屏蔽服。

(4) 防尘服

一般用较致密的棉布、麻布或帆布制作。需具有良好的透气性和防尘性，式样有连身式和分身式两种，袖口、裤口均须扎紧，用双层扣，即扣外再缝上盖布加扣，以防粉尘进入。

4.1.2.7 防护鞋

用于保护足部免受伤害。目前主要产品有防砸、绝缘、防静电、耐酸碱、耐油、防滑鞋等。

4.1.2.8 皮肤防护用品

主要指防护手和前臂皮肤污染的手套和膏膜。

(1) 手套

品种繁多，对不同有害物质防护效果各异，可根据所接触的有害物质种类和作业情况选用。现国内质量较新的一种采用新型橡胶体聚氨基甲酸酯塑料浸塑而成，不仅能防苯类溶剂，且耐多种油类、漆类和有机溶剂，并具有良好的耐热、耐寒性能。

(2) 防护油膏

在戴手套感到妨碍操作的情况下，常用膏膜防护皮肤污染。干酪素防护膏可对有机溶剂、油漆和材料等有良好的防护作用。对酸碱等水溶液可用聚甲基丙烯酸丁酯制成的胶状膜液，涂布后即形成防护膜，唯洗脱时需用乙酸乙酯等溶剂。防护膏膜不适于有较强摩擦力的操作。

(3) 复合防护用品

对于有些全身都暴露于有害因素，尤其是放射性物质的职业，应佩戴能防护全身的由铅胶板制作的复合防护用品。考虑到放射工作的特殊性，防护用品不仅要有可靠的防护效果，还要轻便、舒适、方便使用。这种防护用品由防护帽、防护颈套、防护眼镜、全身整体防护服或分体防护服组成，对于眼晶体、甲状腺、女性乳腺、性腺等敏感部位，铅胶板厚度应加大。

4.1.2.9　防坠落用具

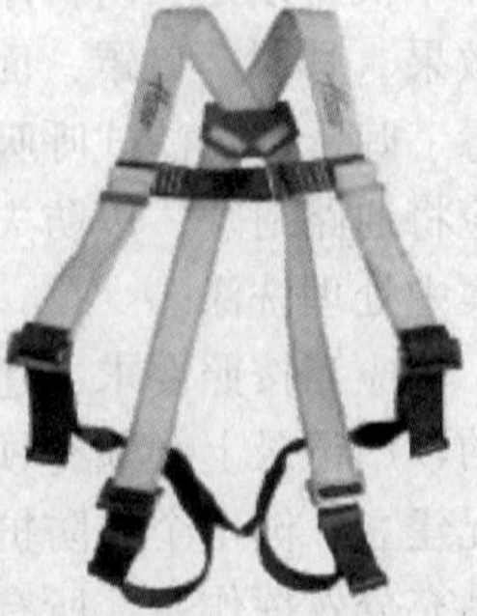

防坠落用品是防止人体从高处坠落，通过绳带，将高处作业者的身体系接于固定物体、或在作业场所的边沿下方张网，以防不慎坠落，这类用品主要有安全带和安全网两种。

4.1.2.10　个体防护用品的使用与保养

(1) 正确选择防护用品

应针对防护要求，正确选择性能符合要求的用品，绝不能选错或将就使用，特别是绝不能以过滤式呼吸防护器代替隔离式呼吸防护器，以防止发生事故。使用单位应购置、使用符合国家标准，并具有《产品检验证》的劳动防护用品。

使用单位必须建立个体防护用品定期检查和失效报废制度。

(2) 加强教育和训练

应利用各种途径，如培训班、宣传册、车间板报和标语等，对使用个人防护用品者加强教育，使其充分了解使用的目的和意义，反复训练，熟练掌握使用方法。对于结构和使用方法较为复杂的用品，如呼吸防护器，宜反复进行训练，使能迅速正确地戴上、卸下和使用，并逐渐习惯于呼吸防护器的阻力。又如用于紧急救灾时的呼吸防护器，要定期严格检查，并妥善地存放在可能发生事故的邻近地点，便于及时取用。

(3) 防护用品的使用和维护

应按每种防护用品的使用要求，规范使用。在使用时，必须在整个接触时间内认真充分佩戴。其防护效果以有效防护系数(Effective Protective Factor，EPF)来衡量，在接触时间内99%以上时间佩戴，有效防护程度可达100%；不佩戴时间增多，其有效防护系数递减。

车间应有专人负责管理分发、收集和维护保养防护用品。这样不仅可以延长防护用品的使用期限，更重要的是能保证其防护效果。耳罩、口罩、面具等用后应以肥皂水洗净，并以药液消毒、晾干。过滤式呼吸防护器的滤料要按时更换，药罐在不用时应将通路封塞，以防失效。防止皮肤污染的工作服，用后应立即集中处理洗涤。

应当按照要求，建立职工《个体防护用品领用档案》，档案的领用记录上必须有领用者本人签名。企业应根据本单位实际情况建立、健全个体防护用品的使用与管理制度，保证个体防护用品充分发挥作用。所有个体防护用品在产品包装中都应附有安全使用说明书，用人单位应教育职工正确使用；用人单位应按照产品说明书要求，及时更换、报废过期和失效的个体防护用品。所以在使用个体防护用品前应注意以下几点：

① 个体防护用品使用前，必须认真检查其防护性能及外观质量。

② 使用的个体防护用品应与防御的有害因素相匹配。

③ 正确佩戴、使用个体防护用品。

④ 严禁使用过期或失效的个体防护用品。

4.2 院前急救常识

4.2.1 现场抢救

(1) 救出现场，至安全地带；

(2) 采取紧急措施，维持生命体征(呼吸、体温、脉搏、血压)；

(3) 眼部污染应及时、充分以清水冲洗；

(4) 脱去污染衣着，立即以大量清水彻底冲洗污染皮肤；

(5) 经紧急处理后，立即送医院，途中继续做好必要的抢救，并记录病情。

4.2.2 基本做法

(1) 首先将病人转移到安全地带，解开领扣和腰带，使呼吸通畅，让病人呼吸新鲜空气，脱去污染衣服鞋袜，并彻底清洗污染的皮肤和毛发，注意保暖；

(2) 呼吸困难或停止呼吸者应立即进行人工呼吸，有条件时给氧和注射呼吸中枢兴奋药；

(3) 心脏骤停者应立即进行胸外心脏按压术；

(4) 迅速送往医院，护送途中仍要施行人工呼吸和胸外心脏按压，保持救护用车车内通风换气。

4.2.3 口对口(鼻)人工呼吸术，胸外心脏按压术

4.2.3.1 呼吸、心跳骤停的常见原因

(1) 呼吸道的梗阻、淹溺、塌方所致窒息、自缢、电击等。

(2) 氧气由肺泡入血障碍；吸入窒息性气体(如氮气)，氧气吸入减少。

(3) 中毒、人体组织携带氧及吸取困难，如一氧化碳、硫化氢、氰化氢气体中毒。

(4) 冠心病、急性心肌梗塞。

(5) 触电、雷击。

(6) 外伤急性大量失血、药物过敏等。

4.2.3.2 人工呼吸法

(1) 使患者仰卧在比较坚实的地方，打开气道(仰头举颏或推颌法等)。气道是指气体从口到肺脏的通道，包括鼻腔、口

腔、咽喉和气管。打开气道也叫畅通呼吸道(具体方法请见实务培训)。

(2) 使患者鼻孔(或口)紧闭，救护人深吸两口气后紧贴患者的口(或鼻)，用力向内吹气，直到患者胸部上举。之后，放开患者鼻孔(或口)，以便病人呼气，此时患者胸部下陷，即刻可作心脏胸廓按压。按压胸部频率一般为60~80次/分。

注：如果无法使患者把口张开，则用口对鼻人工呼吸法。

4.2.3.3 胸外心脏按压法

(1) 判定无脉搏和心跳停止

如病人无脉搏，立即进行胸部按压。由于病人颈部暴露，抢救人员可用中指与无名指，在病人气管旁，轻轻触摸颈动脉的搏动，如未触及，表示心跳已停止。

(2) 胸部按压

按压部位：病人胸骨中下的1/3交界处。

按压方法：将手掌根两手重叠(一手放在另一手背上)，两手指交叉，按压时双臂绷直，双肩在病人的胸骨正中，利用抢救人员的上身体重和肩臂部肌肉的力量，垂直向下，按压应平稳、有规律地进行，不能像冲击式的猛压，下压与向上抬的时间应大致相等，下压时应能使胸骨下陷3.5~5cm，按压到最低点处，应有一明显的停顿。放松时，定位的手掌部不能离开胸骨定位点，但应放松，不能使胸骨有一点压力。心跳和呼吸是互相联系的，心脏跳动停止了，呼吸很快就会停止，呼吸停止了，心脏跳动维持不了多久。一旦呼吸和心跳都停止了，应当同时做人工呼吸和胸外心脏按压术。如抢救由一人进行，每吹气两次再挤压心脏15次；如两人进行抢救，则人工呼吸与按压之比为1:5(即每做一次人工呼吸，按压胸部心脏5次)。

施行人工呼吸和胸外心脏按压的抢救要坚持不断，切不可轻率终止。运送途中也不能终止抢救。抢救过程中，如发现病人脸色有了红润，瞳孔逐渐缩小，嘴唇稍有开合或眼皮活动，或喉嗓间有咽东西等动作，则说明抢救收到了效果。如病人身上出现尸斑或身体僵冷，经医生作出无法救活的诊断后，方可停止抢救。

(3) 心肺复苏效果判断

正确吹气后，病人胸部应略有隆起，如无反应，则检查呼吸道是否通畅，气道是否打开，鼻孔是否捏住，口唇是否包严，吹气量是否足够等。有效心脏按压，能触到颈动脉搏动。长时间有效地按压，可见到患者脸色转红，瞳孔逐渐缩小。

4.3 自救与互救措施

4.3.1 自救

自救的含义是自己救自己。要做到自救，必须先辨识出周围的危险因素，其次要懂得中毒的初期症状。上岗前就要有防事故的意识和精神行动上的准备。

(1) 急性中毒。在可能或已发生有毒气体泄漏的作业场所，当突然出现头晕、头痛、恶心、呕吐或无力等症状，必须想到有发生中毒的可能性，要根据实际情况，采取有效对策。

(2) 如果备有防毒面具，应按规定要求快速、熟练地戴上防毒面具立即离开并向有关领导汇报。

(3) 憋住气迅速脱离中毒环境，朝上风向或侧风向撤离。

(4) 发出呼救信号。

(5) 如果是氨、氯等刺激性气体，掏出手帕浸上水，捂住鼻子向外跑。

(6) 如果在无围栏的高处，以最快的速度抓住东西或趴倒在上风向或侧风向，尽力避免坠落外伤。

(7) 如有警报装置，应予以启用。

(8) 眼睛防护：

① 发生事故的瞬间闭住或用手捂住眼睛，防止有毒有害液

体溅入眼内。

② 如果眼睛被沾污，立即到流动的清洁水下冲洗；如果一只眼睛受沾污，在冲洗眼睛的最初时间，要保护好另一只眼睛，避免沾污。

(9) 皮肤防护：

① 如果化学物质沾污皮肤，立即用大量流动清洁水或温水冲洗，毛发也不例外。

② 如果沾污衣服、鞋袜，均应立即脱去，后冲洗皮肤。

4.3.2 互救

许多情况下，无法自救，特别是当中毒病情较重、患者意识不清的时候，当眼睛被化学物质刺激、肿胀睁不开的时候，这就需要他人救助。因此互救是十分重要的措施。

(1) 了解情况，落实救护者的个人防护。一定要首先摸清被救者所处的环境，如果是有毒有害气体，则首先要正确选择合适的防毒用具；如果是酸或碱泄漏，要穿戴防护衣、手套和胶靴；如果毒源仍未切断，则立即报告生产调度。在设法抢救患者的同时，要采取关闭阀门、加盲板、停车、停止送气、堵塞漏气设备等措施。切忌因盲目行动，产生更严重的中毒。

(2) 救出患者，仔细检查，分清轻重，合理处置

① 搬运过程中要沉着、冷静，不要强拖硬拉，若已有骨折、出血或外伤，则要简单包扎、固定，避免搬运中造成更大损害。

② 患者被搬到空气新鲜处后，要按顺序检查，神智是否清晰，脉搏、心跳是否存在，呼吸是否停止，有无出血及骨折。如有心跳停止者，须就地进行心脏胸外按压术；如有呼吸停止，须就地进行人工呼吸；如果有出血和骨折，则需检查搬运前的处理是否有效，还须作哪些补充处理。

(3) 如果神志清晰，心跳、呼吸正常，则检查眼睛，如沾污化学物质，则须就地冲洗；如果是氨等，则冲洗时间要长，起码

20min 以上，甚至 30min，并要使眼上、下穹隆冲洗彻底。

(4) 最后检查皮肤，不要疏忽会阴部、腋窝等处。

总之，自救互救是抢时间、挽救生命的措施。所以，要快、正确、不要过分强调条件；同时要向气防部门、医疗单位发出呼救，尽快送往医院。

5 隔离与公共安全

事故发生后为了保护公众生命、财产安全，应采取的措施。给出危险化学品泄漏和火灾事故发生后，为了保护公众免受伤害，在事故源周围以及下风向需要控制的距离和区域。

初始隔离区是指发生事故时公众生命可能受到威胁的区域。是以泄漏源为中心的一个圆周区域。圆周的半径即为初始隔离距离。该区只允许少数消防特勤官兵和抢险队伍进入。

疏散区是指下风向有害气体、蒸气、烟雾或粉尘可能影响的区域，是泄漏源下风方向的正方形区域。正方形的边长即为下风向疏散距离。该区域内如果不进行防护，则可能使人致残或产生严重的或不可逆的健康危害，应疏散公众，禁止未防护人员进入或停留。如果就地保护比疏散更安全，可考虑采取就地保护措施。

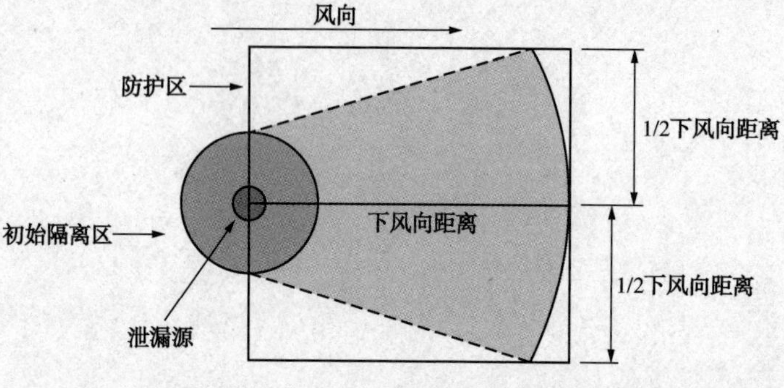

常规初始隔离距离、下风向疏散距离适用于泄漏后最初30min内或污染范围不明的情况，参考者应根据事故的具体情况如泄漏量、气象条件、地理位置等做出适当的调整。

初始隔离距离和下风向疏散距离主要依据化学品的吸入毒性危害确定。化学品的吸入毒性危害越大，其初始隔离距离和下风向疏散距离越大。影响吸入毒性危害大小的因素有化学品的状态、挥发性、毒性、腐蚀性、刺激性、遇水反应性(液体或固体泄漏到水体)等。

5.1　陆地泄漏

5.1.1　气体

(1) 剧毒或强腐蚀性或强刺激性的气体

污染范围不明的情况下，初始隔离至少 500m，下风向疏散至少 1500m。然后进行气体浓度检测，根据有害气体的实际浓度，调整隔离、疏散距离。

(2) 有毒或具腐蚀性或具刺激性的气体

污染范围不明的情况下，初始隔离至少 200m，下风向疏散至少 1000m。然后进行气体浓度检测，根据有害气体的实际浓度，调整隔离、疏散距离。

(3) 其他气体

污染范围不明的情况下，初始隔离至少 100m，下风向疏散至少 800m。然后进行气体浓度检测，根据有害气体的实际浓度，调整隔离、疏散距离。

5.1.2　液体

(1) 易挥发，蒸气剧毒或有强腐蚀性或有强刺激性的液体

污染范围不明的情况下，初始隔离至少 300m，下风向疏散至少 1000m。然后分段测试，根据有害蒸气或烟雾的实际浓度，调整隔离、疏散距离。

(2) 蒸气有毒或有腐蚀性或有刺激性的液体

污染范围不明的情况下，初始隔离至少100m，下风向疏散至少500m。然后分段测试，根据有害蒸气或烟雾的实际浓度，调整隔离、疏散距离。

(3) 其他液体

污染范围不明的情况下，初始隔离至少50m，下风向疏散至少300m。然后分段测试，根据有害蒸气或烟雾的实际浓度，调整隔离、疏散距离。

5.1.3 固体

污染范围不明的情况下，初始隔离至少25m，下风向疏散至少100m。

5.2 水体泄漏

遇水反应生成有毒气体的液体、固体泄漏到水中，根据反应的剧烈程度以及生成的气体的毒性、腐蚀性、刺激性确定初始隔离距离、下风向疏散距离。

(1) 与水剧烈反应，放出剧毒、强腐蚀性、强刺激性气体

污染范围不明的情况下，初始隔离至少300m，下风向疏散至少1000m。然后分段测试，根据有害气体的实际浓度，调整隔离、疏散距离。

(2) 与水缓慢反应，放出有毒、腐蚀性、刺激性气体

污染范围不明的情况下，初始隔离至少100m，下风向疏散至少800m。然后分段测试，根据有害气体的实际浓度，调整隔离、疏散距离。

泄漏处理：指化学品泄漏后现场应采取的应急措施，主要从点火源管制、泄漏源控制、泄漏物处理、注意事项等几个方面进

行描述。手册推荐的应急措施是根据化学品的固有危险性给出的，使用者应根据泄漏事故发生的场所、泄漏量的大小、周围环境等现场条件，选用适当的措施。

火灾扑救：主要介绍发生化学品火灾后可选用的灭火剂、禁止使用的灭火剂以及灭火过程中的注意事项。

急救：指人员意外受到化学品伤害后需采取的急救措施，着重现场急救。解毒剂的使用方法、使用剂量，须遵医嘱。

附录

附录 1　各类危险化学品灭火方法

类别	品　名	灭火方法	禁用灭火剂
爆炸品	黑药	雾状水	
	化合物	雾状水、水	
压缩气体和液化气体	压缩气体和液化气体	大量水，冷却钢瓶	
易燃液体	中、低、高闪点易燃液体	泡沫、干粉	
	甲醇、乙醇、丙酮	抗溶泡沫	
易燃固体	易燃固体	水、泡沫	
	发乳剂	水、干粉	酸碱泡沫
	硫化磷	干粉	水
自燃物品	自燃物品	水、泡沫	
	烃基金属化合物	干粉	水
遇湿易燃物品	遇湿易燃物品	干粉	水
	钠、钾	干粉	水、二氧化碳、四氯化碳
氧化剂和有机过氧化物	氧化剂和有机过氧化物	雾状水	
	过氧化钠、钾、镁、钙等	干粉	水
无机剧毒品	砷酸、砷酸钠	水	
	砷酸盐、砷及其化合物、亚砷酸、亚砷酸盐	水、砂土	
	亚硒酸盐、亚硒酸酐、硒及其化合物	水、砂土	

续表

类别	品　名	灭火方法	禁用灭火剂
无机剧毒品	硒粉	砂土、干粉	水
	氯化汞	水、砂土	
	氰化物、氰熔体、淬火盐	水、砂土	酸碱泡沫
	氢氰酸溶液	二氧化碳、干粉、泡沫	
有机剧毒品	敌死通、氯化苦、氟磷酸异丙酯、1240 乳剂、3911 乳剂、1440 乳剂	砂土、水	
	四乙基铅	干砂、泡沫	
	马钱子碱	水	
	硫酸二甲酯	干砂、泡沫、二氧化碳、雾状水	
	1605 乳剂、1059 乳剂	水、砂土	酸碱泡沫
无机有毒品	氟化钠、氟化物、氟硅酸盐、氧化铅、氯化钡、氧化汞、汞及其化合物、碲及其化合物、碳酸铍、铍及其化合物	砂土、水	
有机有毒品	氰化二氯甲烷、其他含氰的化合物	二氧化碳、雾状水、砂土	
	苯的氯代物(多氯代物)	砂土、泡沫、二氧化碳、雾状水	
	氯酸酯类	泡沫、水、二氧化碳	
	烷烃(烯烃)的溴代物，其他醛、醇、酮、酯、苯等的溴化物	泡沫、砂土	

续表

类别	品 名	灭火方法	禁用灭火剂
有机有毒品	各种有机物的钡盐、对硝基苯氯(溴)甲烷	砂土、泡沫 雾状水	
	胂的有机化合物、草酸、草酸盐类	砂土、水、泡沫、二氧化碳	
	草酸酯类、硫酸酯类、磷酸酯类	泡沫、水、二氧化碳	
	胺的化合物、苯胺的各种化合物、盐酸苯二胺(邻、间、对)	砂土、泡沫、雾状水	
	二氨基甲苯、乙萘胺、二硝基二苯胺、苯肼及其化合物、苯酚的有机化合物、含硝基的苯酚钠盐、硝基苯酚、苯的氯化物	砂土、泡沫、雾状水、二氧化碳	
	糠醛、硝基萘	泡沫、二氧化碳、雾状水、砂土	
	滴滴涕原粉、毒杀酚原粉、666原粉	泡沫、砂土	
	氯丹、敌百虫、马拉松、烟雾剂、安妥、苯巴比妥钠盐、阿米妥尔及其钠盐、赛力散原粉、1-萘甲腈、炭疽芽孢苗、乌巴因、粗蒽、依米丁及其盐类、苦杏仁酸、戊巴比妥及其钠盐	水、砂土、泡沫	

续表

类别	品　名	灭火方法	禁用灭火剂
腐蚀品	发烟硝酸、硝酸	雾状水、砂土、二氧化碳	高压水
	发烟硫酸、硫酸	干砂、二氧化碳	水
	盐酸	雾状水、砂土、干粉	高压水
	磷酸、氢氟酸、氢溴酸、溴素、氢碘酸、氟硅酸、氟硼酸	雾状水、砂土、二氧化碳	高压水
	高氯酸、氯磺酸	干砂、二氧化碳	
	氯化硫	干砂、二氧化碳、雾状水	高压水
	磺酰氯、氯化亚砜	干砂、干粉	水
	氯化铬酰、三氯化磷、三溴化磷	干粉、干砂、二氧化碳	水
	五氯化磷、五溴化磷	干砂、干粉	水
	四氯化硅、三氯化铝、四氯化钛、五氯化锑、五氧化磷	干砂、二氧化碳	水
	甲酸	雾状水、二氧化碳	高压水
	溴乙酰	干砂、干粉、泡沫	高压水
	苯磺酰氯	干砂、干粉、二氧化碳	水
	乙酸、乙酸酐	雾状水、砂土、二氧化碳、泡沫	高压水
	氯乙酸、三氯乙酸、丙烯酸	雾状水、砂土、泡沫、二氧化碳	高压水
	氢氧化钠、氢氧化钾、氢氧化锂	雾状水、砂土	高压水

续表

类别	品名	灭火方法	禁用灭火剂
腐蚀品	硫化钠、硫化钾、硫化钡	砂土、二氧化碳	水或酸、碱式灭火剂
	水合肼	雾状水、泡沫、干粉、二氧化碳	
	氨水	水、砂土	
	次氯酸钙	水、砂土、泡沫	
	甲醛	水、泡沫、二氧化碳	

附录2 常见化学物灼伤的急救处理

化学物质		作用	清洗剂[①]	可供参考的特殊治疗
无机酸类	硫酸	脱水	流动清水（先吸附创面硫酸）	5%碳酸氢钠溶液
	盐酸	脱水	流动清水	5%碳酸氢钠溶液
	硝酸	氧化	流动清水	5%碳酸氢钠溶液
	氧氟酸	原生质毒	流动清水	① 25%硫酸镁溶液 ② 10%葡萄糖酸钙溶液 ③ 石灰水溶液 ④ 季铵化合物-氯化苯甲羟胺溶液浸泡、湿敷 ⑤ 氢氟酸灼伤治疗液[②]浸泡、湿敷
	氢溴酸	氧化	流动清水	氨松酯： 5%氨水1份； 松节油1份； 95%乙醇
	铬酸	氧化	流动清水	5%硫代硫酸钠溶液

续表

化学物质		作用	清洗剂[①]	可供参考的特殊治疗
有机酸类	草酸	腐蚀	流动清水	10%葡萄糖酸钙溶液
	三氯乙酸	原生质毒	流动清水	5%碳酸氢钠溶液
	冰乙酸	腐蚀	流动清水	5%碳酸氢钠溶液
	乙酸	腐蚀	流动清水	5%碳酸氢钠溶液
	氯乙酸	腐蚀	流动清水	5%碳酸氢钠溶液
	丙烯酸	腐蚀	流动清水	5%碳酸氢钠溶液
	甲酸	原生质毒	流动清水	5%碳酸氢钠溶液
无机碱类	氢氧化钾(钠)	脱水、腐蚀	流动清水	3%硼酸溶液 0.5%~5%乙酸溶液或10%枸橼酸溶液
	氢氧化铵(氨水)	腐蚀	流动清水	0.5%~5%乙酸溶液或10%枸橼酸溶液
有机碱类	甲胺	腐蚀	流动清水	3%硼酸溶液
	乙醇胺	腐蚀	流动清水	3%硼酸溶液
	硫酸二甲酯	起疱	流动清水	5%碳酸氢钠溶液
	二甲亚砜	起疱	流动清水	5%碳酸氢钠溶液
酚类	苯酚	原生质毒	流动清水	①用浸过聚乙烯乙二醇(PEG400或PEG300)的棉球擦洗创面 ②或用浸过30%~50%乙醇棉球擦洗创面 ③可继用4%~5%碳酸氢钠溶液湿敷创面与苯酚相同
	甲酚	原生质毒	流动清水	与苯酚相同
	二氯酚	原生质毒	流动清水	与苯酚相同
	金属钾(钠)	腐蚀	用油覆盖，忌用少量水冲洗	3%硼酸溶液

续表

化学物质		作用	清洗剂①	可供参考的特殊治疗
其他	石灰石	腐蚀	用油覆盖，忌用少量水冲洗	3%硼酸溶液
	电石	腐蚀	用油覆盖，忌用少量水冲洗	3%硼酸溶液
	黄磷	原生质毒	流动清水(冲洗前在暗处先剔除黄磷颗粒) 湿包	① 1~2%硫酸铜溶液③ ② 3%硝酸银溶液 ③ 5%碳酸氢钠溶液
	三氯化磷	氧化	忌用少量水冲洗	5%碳酸氢钠溶液
	液体沥青	刺激	流动清水	医用液体石蜡擦洗创面

① 皮肤接触到油性化学物后，应立即先用吸附棉(纸)等，尽可能地吸附掉化学物，然后再用清洗剂冲洗；

② 氢氟酸灼伤治疗液：5%氟化钙 20mL、2%利多卡因 20mL、地塞米松 5mg、二甲基亚砜 60mL；

③ 硫酸铜作为显示剂、解毒剂。大面积使用时应注意防止硫酸铜中毒。

附录 3　致眼灼伤的化学物

类别	化学品名称
酸	盐酸、氯磺酸、硫酸、硝酸、铬酸、氢氟酸、乙酸(酐)、三氯乙酸、羟乙酸、巯基乙酸、乳酸、草酸、琥珀酸(酐)、马来酸(酐)、柠檬酸、己酸、2-乙基乙酸、三甲基己二酸、山梨酸、大黄酸
碱	碳酸钠、碳酸钾、铝酸钠、硝酸钠、钾盐镁钒、锂、氧化钙、干燥硫酸钙、碱性熔渣、碳酸钙、草酸钙、氰氨化钙、氯化钙、碳酸铵、氢氧化铵

续表

类别	化学品名称
金属腐蚀剂	硝酸银、硫酸铜或硝酸铜、乙酸铅、氯化汞(升汞)、氯化亚汞(甘汞)、硫酸镁、五氧化二钒、锌、铍、钛、锑、铬、铁及锇的化合物
非金属无机刺激及腐蚀剂	无机砷化物、三氧化二砷、三氯化砷、砷化三氰(胂)、二硫化硒、磷、五氧化二磷、二氧化硫、硫化氢、硫酸二甲酯、二甲基亚砜、硅
氧化剂	氯气、光气、溴、碘、高锰酸钾、过氧化氢、氟化钠、氢氰酸
刺激性及腐蚀性碳氢化物	酚、来苏儿、甲氧甲酚、二甲苯酚、薄荷醇、木溜油、三硝基酚、对苯二酚、间苯二酚、硝基甲烷、硝基丙烷、硝基萘、氨基乙醇、苯乙醇、异丙醇胺、乙基乙醇胺、苯胺染料(紫罗兰维多尼亚蓝、孔雀绿、亚甲蓝)、对苯二胺、溴甲烷、三氯硝基甲烷
起疱剂	芥子气、氯乙基胺、亚硝基胺、路易士气
催泪剂	氯乙烯苯、溴苯甲腈
表面活性剂	氯化苄烷胺、气溶胶、局部麻醉剂、蘑菇孢子、鞣酸、除虫菊、海葱、巴豆油、吐根碱、围涎树碱、秋水仙、蓖麻蛋白、红豆毒素、柯亚素、丙烯基芥子油
有机溶剂	汽油、苯精、煤油、沥青、苯、二甲苯、乙苯、苯乙烯、萘、α和β萘酚、三氯甲烷、氯乙烷、二氯乙烷、二氯丙烷、甲醇、乙醇、丁醇、甲醛、乙醛、丙烯醛、丁醛、丁烯醛、丙酮醛、糠醛、丙酮、丁酮、环已酮、二氯乙醚、二噁烷、甲酸甲酯、甲酸乙酯、甲酸丁酯、乙酸甲酯、乙酸乙酯、乙酸丙酯、乙酸戊酯、乙酸苄酯、碘乙酸盐、二氯乙酸盐、异丁烯酸甲酯
其他	速灭威、二月桂酸二丁基锡、*N*，*N′*-二环乙基二亚胺、己二胺、洗净剂、除草剂、新洁尔灭、去锈灵、环氧树脂、龙胆紫、甲基硫代磷酰氯、甲胺磷、401、二异丙氨基氯乙烷、四氯化钛、三氯氧磷、异丙嗪、苯二甲酸二甲酯、正香草酸、辛酰胱氨酸、氟硅酸钠、环戊酮、聚硅氧烷、网状硅胶、溴氰菊酯

附录4 有效解毒剂

化学品名称	解毒剂
苯胺	静脉注射维生素 C 和亚甲蓝
丙酮氰醇	亚硝酸异戊酯、亚硝酸钠、硫代硫酸钠、4-DMAP（4-二甲基氨基苯酚）
丙烯腈	亚硝酸异戊酯、亚硝酸钠、硫代硫酸钠、4-DMAP（4-二甲基氨基苯酚）
甲醇	口服乙醇或静脉输乙醇、碳酸氢钠、叶酸、4-甲基吡唑
甲醛	醋酸铵、碳酸铵
氯乙酸	二氯乙酸、苯巴比妥
氰化钠	亚硝酸异戊酯、亚硝酸钠、硫代硫酸钠、4-DMAP（4-二甲基氨基苯酚）
氰化氢	亚硝酸异戊酯、亚硝酸钠、硫代硫酸钠、4-DMAP（4-二甲基氨基苯酚）
硝基苯	静注亚甲蓝
硝酸铵	维生素 C、亚甲蓝
乙腈	亚硝酸异戊酯、亚硝酸钠、硫代硫酸钠、4-DMAP（4-二甲基氨基苯酚）
氨（液氨、无水）	醋

附录 5　化学事故应急救援单位联系方式

1. 各地火警电话：119

2. 各地报警电话：110

3. 各地医疗急救电话：120

4. 国家安全生产监督管理总局化学品登记中心

   国家化学事故应急咨询电话：0532-83889090(24 小时)

5. 国家中毒控制中心

   24 小时热线电话：010-83132345，63131122

6. 国家中毒控制中心河南分中心(河南省职业病防治研究所)

   热线电话：0371-66959721，66967348

7. 国家中毒控制中心广东分中心(广东省职业病防治院)

   24 小时热线电话：020-84198181

8. 国家中毒控制中心沈阳网络医院(沈阳市第九人民医院)

   24 小时热线服务电话：024-25718880，25718881

9. 国家中毒控制中心徐州网络医院(徐州第三人民医院)

   热线电话：0516-83575037(日)，83770936(24 小时)

10. 上海市中毒控制中心

    咨询电话：021-62951860，62758710-1720

参 考 文 献

[1] 邢娟娟. 企业重大事故应急管理与预案编制[M]. 北京：航空工业出版社，2005.

[2] 国家安全生产应急救援指挥中心. 危险化学品应急救援[M]. 北京：煤炭工业出版社，2008.

[3] 中国疾病预防控制中心. 最新实用危险化学品应急救援指南[M]. 北京：中国协和医科大学出版社，2003.

[4] 任树奎. 危险化学品常见事故与防范对策[M]. 北京：中国劳动社会保障出版社，2004.

[5] 方文林. 危险化学品基础管理[M]. 北京：中国石化出版社，2015.

[6] 方文林. 危险化学品法规标准[M]. 北京：中国石化出版社，2015.

[7] 方文林. 危险化学品应急处置[M]. 北京：中国石化出版社，2015.